植物
百科

U0724659

餐桌上常见的植物

植物百科编委会　编著

中国大百科全书出版社

图书在版编目（CIP）数据

植物百科．餐桌上常见的植物 / 植物百科编委会编
著．-- 北京：中国大百科全书出版社，2025．1．
ISBN 978-7-5202-1702-6

Ⅰ．Q94-49

中国国家版本馆 CIP 数据核字第 2025LK7749 号

总　策　划：刘　杭　　郭继艳
策划编辑：张会芳
责任编辑：张会芳
责任校对：邵桃炜
责任印制：王亚青
出版发行：中国大百科全书出版社有限公司
地　　　址：北京市西城区阜成门北大街 17 号
邮政编码：100037
电　　　话：010-88390811
网　　　址：http://www.ecph.com.cn
印　　　刷：唐山富达印务有限公司
开　　　本：710mm×1000mm　1/16
印　　　张：10
字　　　数：100 千字
版　　　次：2025 年 1 月第 1 版
印　　　次：2025 年 1 月第 1 次印刷
书　　　号：ISBN 978-7-5202-1702-6
定　　　价：48.00 元

总　序

这是一套面向大众、根植于《中国大百科全书》第三版（以下简称百科三版）的百科通俗读物。

百科全书是概要记述人类一切门类知识或某一门类知识的完备的工具书。它的主要作用是供人们随时查检需要的知识和事实资料，还具有扩大读者知识视野和帮助人们系统求知的教育作用，常被誉为"没有围墙的大学"。简而言之，它是回答问题的书，是扩展知识的书。

中国大百科全书出版社从 1978 年起，陆续编纂出版了《中国大百科全书》第一版、第二版和第三版。这是我国科学文化建设的一项重要基础性、标志性、创新性工程，是在百年未有之大变局和中华民族伟大复兴全局的大背景下，提升我国文化软实力、提高中华文化国际影响力的一项重要举措，具有重大的现实意义和深远的历史意义。

百科三版的编纂工作经国务院立项，得到国家各有关部门、全国科学文化研究机构、学术团体、高等院校的大力支持，专家、学者 5 万余人参与编纂，代表了各学科最高的专业水平。专家、作者和编辑人员殚精竭虑，按照习近平总书记的要求，努力将百科三版建设成有中国特色、有国际影响力的权威知识宝库。截至 2023 年底，百科三版通过网站（www.zgbk.com）发布了 50 余万个网络版条目，并陆续出版了一批纸质版学科卷百科全书，将中国的百科全书事业推向了一个新的高度。

重文修武，耕读传家，是我们中国人悠久的文化传承。作为出版人，我们以传播科学文化知识为己任，希望通过出版更多优秀的出版物来落实总书记的要求——推动文化繁荣、建设中华民族现代文明，努力建设中国式现代化强国。

为了更好地向大众普及科学文化知识，我们从《中国大百科全书》第三版中选取一些条目，通过"人居环境""科学通识""地球知识""工艺美术""动物百科""植物百科""渔猎文明""交通百科"等主题结集成册，精心策划了这套大众版图书。其中每一个主题包含不同数量的分册，不仅保持条目的科学性、知识性、准确性、严谨性，而且具备趣味性、可读性，语言风格和内容深度上更适合非专业读者，希望读者在领略丰富多彩的各领域知识之时，也能了解到书中展示的科学的知识体系。

衷心希望广大读者喜爱这套丛书，并敬请对书中不足之处给予批评指正！

《中国大百科全书》编辑部

"植物百科"丛书序

　　全世界已知约 30 万种植物，它们的个体大小、寿命差异很大，从肉眼看不见的单细胞绿藻，到海洋中的巨藻和陆地上庞大的、寿过几千年的"世界爷"——北美红杉，都属于植物。植物与人类的关系极为密切，它们是地球上的初级生产者，是其他生物直接或间接的食物来源和氧气的制造者，在维持物质循环、生态系统相对平衡和生物多样性上具有极其重要的作用。

　　植物有多种分类方式。根据植物分类学，可将植物分为藻类植物、苔藓植物、石松类植物、蕨类植物、裸子植物和被子植物。日常生活中，常根据植物的生长环境或者用途等进行分类。如按照生活环境（生境）和生活方式，植物可分为陆生植物和水生植物；根据是否有人为干预，分为栽培植物和野生（野外）植物。其中，栽培植物最初是野生植物，经过人工培育后，具有一定生产价值或经济性状，遗传性稳定，能满足人类的需求。按照人工栽培环境，植物可分为大田植物、阳台植物、庭院植物、公园里的植物等。根据植物生长的地理分区，还可分为南方植物和北方植物。由于植物是自养型生物，一般无须运动，因而植物常是固定在某一环境中，并终生与环境相互影响。但植物在某个环境的常见为相对常见，并非绝对，如某一植物是庭院植物，也是阳台常见的植物，某些南方植物也可能出现在北方的温室中。

　　为便于读者全面地了解各类植物，编委会依托《中国大百科全书》

第三版生物学、渔业、植物保护学、林业、园艺学、草业科学等学科内容，精心策划了"植物百科"丛书，选择相对常见的植物类型及种类，编为《餐桌上常见的植物》《阳台上常见的植物》《庭院里常见的植物》《公园里常见的植物》《北方野外常见的植物》《南方常见的植物》《常见的水生植物》等分册，图文并茂地介绍了各类植物。

希望这套丛书能够让读者更多地了解和认识各类植物，引起读者对植物的关注和兴趣，起到传播科学知识的作用。

植物百科丛书编委会

目　录

第 **3** 章 蔬菜作物 95

第4章 调料作物 145

第 1 章

主粮作物

小 麦

小麦是禾本科小麦属一年生或越年生草本植物。

◆ 起源

小麦起源于亚洲西部，在西亚和西南亚一带至今还广泛分布有野生一粒小麦、野生二粒小麦及与普通小麦亲缘关系密切的粗山羊草（节节麦）。在肥沃的新月地带，特别是伊朗西南部、伊拉克西北部和土耳其东南部，是栽培一粒小麦最早被驯化之地。以色列西北部、叙利亚西南部和黎巴嫩东南部是野生二粒小麦的分布中心和栽培二粒小麦的起源地。

普通小麦起源于 3 个亲缘关系较近的野生二倍体物种［乌拉尔图小麦（AA）、拟斯卑尔脱山羊草（SS，该物种可能已灭绝）、节节麦（DD）］间的两次天然杂交及多倍化事件，最终进化形成异源六倍体物种。1 万年来经过人类不断的驯化和培育（天然变异和人工改良），并随着人类的迁移而向世界各地传播，普通小麦逐渐形成了广布世界五大洲、适应各种生态环境的现代高产栽培作物，并成为人类的主粮作物之一。

◆ **分类与分布**

小麦属中有 22 个种，按染色体数可分为一粒系、二粒系、普通系、提莫菲维系和茹科夫斯基系 5 个系。

小麦是世界上最重要的粮食作物，其种植面积居栽培作物的首位，总产低于玉米，与水稻基本持平。据联合国粮食及农业组织（FAO）统计，2019 年世界小麦收获面积为 2.16 亿公顷，总产量 7.66 亿吨。其中收获面积最大的是印度，约 2931.9 万公顷；其次为俄罗斯，约 2755.9 万公顷；中国居第 3 位，约 2373 万公顷；以下依次为美国、哈萨克斯坦、加拿大、澳大利亚，都在 1000 万公顷以上。小麦总产是中国第 1，为 1.3 亿吨；印度、俄罗斯、美国、法国、加拿大等依次递减。爱尔兰的单位面积小麦产量最高，约合 9379 千克 / 公顷，其次为荷兰、比利时、英国、新西兰和丹麦。在中国，小麦是仅次于水稻和玉米的第三大作物。

小麦分布很广，北自北纬 67°的北欧，南至阿根廷的南纬 45°地区均有栽种。热带地区较小，多种植在海拔较高的地方。栽培最广泛的是普通小麦，占小麦总面积近 90%；其次为硬粒小麦，约占小麦总面积的 10%，主要分布在比较干旱的地中海沿岸、印度和北美洲等少雨地区，其他小麦仅零星分布。

小麦是最重要的商品粮食，世界小麦贸易额超过所有其他谷物的总和。小麦主要出口国为美国、加拿大、澳大利亚、法国和阿根廷，其中美国的出口量约占世界贸易的一半。小麦的主要进口国为中国、日本、埃及、巴西、英国等。

◆ 栽培史

人类栽培小麦约始于1万年以前。多数学者认为，古代人们最早采集野生一粒小麦作为食物，大概发生在公元前8000年。约公元前7500～前6750年，出现了穗轴坚韧的栽培一粒小麦，并且逐渐取代了前者。公元前7000年时期，栽培一粒小麦和栽培二粒小麦已在亚洲西部迅速传播开来，后者成为早期农业中最主要的谷类作物。公元前6000～前4000年，栽培二粒小麦又从美索不达米亚低地传播到地中海盆地、欧洲、中亚、印度和埃塞俄比亚，直到公元前1000年才被裸粒的硬粒小麦类型的四倍体小麦所取代。另有考古资料表明，早在公元前3000年后期，印度河谷就有普通小麦的种植。

中国栽培小麦的历史悠久。不论是从古代文献上有关小麦的记载来看，或是从考古发掘实物推断，都可以认为有史以前就有小麦栽培。根据有文字可考的历史记载，商代（前16～前11世纪）种植的农作物中就有"麦"，《诗经》（西周到春秋时期）里多处提到"麦""来""牟"等。根据诗歌所代表的地区说明，公元前6世纪或以前，在黄河中下游各地已广为种植小麦了。大约在公元1世纪，长江中下游也有了小麦栽培；到公元9世纪中期，西南边陲的云南也有了关于种植小麦的记载。小麦引入中国后，经过数千年的栽培演变，不仅产生了数以万计的性状各异的品种，并且形成了3个独特的普通小麦亚种（云南小麦、新疆小麦和西藏半野生小麦）。因此，中国是小麦的一个次生起源中心。

◆ 种植区划

小麦在中国各地均有种植，头年秋季播种，次年夏季收获的为冬小麦；早春播种，当年夏秋之际收获的为春小麦。中国小麦栽培面积中冬小麦约占83%，余为春小麦。根据气候土壤条件、种植制度和品种适应性，中国小麦种植区划分为春麦区、冬麦区和冬春兼播麦区，春麦区包括东北春麦区、北部春麦区和西北春麦区；冬麦区可分为北方冬麦区和南方冬麦区，北方冬麦区有北部冬麦区和黄淮冬麦区，南方冬麦区有长江中下游冬麦区、西南冬麦区和华南冬麦区；冬春兼播麦区包括青藏春冬麦区和新疆冬春麦区。

◆ 形态特征

小麦为须根系。初生根5条左右，可长期存活并具有吸收功能。次生根在三叶期后从分蘖节上长出。正常分蘖各有次生根。冬小麦根系的总量大于春小麦。小麦分蘖从茎基部分蘖节上长出，与叶片生长有 n-3 的同伸规律。麦苗分蘖的多少决定于生长条件和品种特性。小麦茎节间中空。冬小麦有12～16个节，一般有5个伸长节；春小麦有7～12节，绝大多数为4个伸长节。冬小麦一生有12～16个叶片，春小麦有7～12片，因品种和地区栽培条件而异。小麦为复穗状花序。麦苗在生长锥伸长时即开始幼穗分化，进而逐步分化发育出小穗、小花、雄蕊、雌蕊、花药、花粉粒，最后抽出发育完全的麦穗。小麦籽粒为颖果，长圆形，顶端有冠毛，腹面有腹沟（其深浅影响出粉率），由皮层（果皮和种皮）、胚乳和胚组成。皮层是保护组织，约占籽粒重量8%，其中的内皮层含有色素，使籽粒呈不同颜色，一般有红、白或琥珀色之分。

◆ 生长习性

小麦种子从萌发、出苗开始，逐步形成根、茎、叶、穗、花、果实

（籽粒）等一系列器官，才能完成其生活周期。这些器官在植物学构造、生理功能、发育过程及对形成籽粒产量所起的作用等方面各不相同，同时各个器官的建成，既决定于小麦本身的遗传特性，又受到环境条件和栽培因素的制约。

在北半球，冬小麦为越年生，年前生长营养器官，年后形成生殖器官并构成产量。冬小麦全生育期较长，但不同地区和品种的全生育期长短差异很大。冬小麦的全生育期，中国南方冬麦区为 120 ～ 200 天，北方冬麦区为 230 ～ 280 天，青藏高原冬小麦可长达 330 天以上。春小麦全生育期较短，为 75 ～ 150 天。冬小麦全生育期间需要有效总积温约 2100℃·日，春小麦不低于 1300℃·日。春小麦全生育期较短，通常为 80 ～ 120 天。冬、春小麦都经历出苗、分蘖、拔节、抽穗、开花、灌浆到成熟等一系列明显的生育时期。

冬小麦在苗期必须经过一定时期的低温，才能分化形成结实器官；而春小麦则不明显。根据品种苗期对低温反应的不同，可分为冬性、半冬性和春性。中国冬麦区品种的春化特性自北而南，可依次分为强冬、冬、半冬和春性。春小麦都是春性。冬小麦越冬期间，耐寒品种可耐 -20℃左右的低温，但进入生殖生长期后，遇到 0℃左右的低温，就会发生冻害。

小麦为长日照作物，在满足春化要求之后，还对光照的长短有较明显的反应。日照长则抽穗开花提早。高纬度地区的冬小麦和春小麦，对长日照的反应敏感；低纬度地区的冬小麦反应迟钝。青藏高原的春小麦除对日照长短有明显的反应外，还需较大的光照强度。

◆ **繁殖方法**

小麦是自花授粉作物，自然异交率在 5% 以下。

◆ **育种方法**

中国小麦地方品种的优良特性：一是早熟。不少极早熟品种成熟期和大麦接近。二是多花多实。特别是圆颖多花类和拟密穗类的普通小麦品种更为突出，其中有些品种易与黑麦、大麦等杂交成功。三是对自然条件的高度适应性。不少品种分别具有耐寒、耐旱、耐湿、耐盐、耐瘠、耐赤霉病等特性。但上述种质资源的共同缺点是茎秆高而细，不抗倒伏，抗锈病性差。

小麦品种改良以常规育种法为主，包括引种、选择育种、杂交育种，以及结合杂种优势利用、诱变育种、远缘杂交等。可利用异地自然条件进行春小麦冬繁、冬小麦夏繁或春繁，一年种植二三代；或可应用温室条件加速育种进程。

◆ **栽培管理**

美国、加拿大、澳大利亚、俄罗斯等一些主要产麦国的复种指数较低，一年一熟或平均不到一熟，有的小麦前茬为秋熟作物，有的种在休闲地或饲料地上。中国除春小麦地区基本一年一熟外，北方冬麦区多一年二熟或二年三熟；南方以稻作为主的地区多一年二熟，少数为二年五熟或一年三熟。此外，还有实行小麦与棉花、玉米、油料作物等进行套作和间作的。栽培上建立合理的群体结构，既能最大效率地利用光能，又可协调植株个体、群体间的矛盾，提高产量。

◆ **选地与整地**

小麦播种时要精细整地，创造肥、水、气、热条件良好的环境，以保证全苗、培育壮苗。中国北方灌区采取平地筑畦、渠系配套，以便灌溉；旱地则须犁耕蓄墒、耙耱保墒和镇压提墒。南方稻茬田采用犁耕、旋耕，耙地碎土，以提高整地质量；筑成高厢深沟，以利排水，有的还修筑暗沟或铺设暗管，以利降低地下水位，防止湿害。

小麦播种须选用适宜的优良品种和精选纯净、整齐、饱满、发芽率高的种子，并用药剂拌种，防止苗期病害和地下害虫。旱地种麦一般采用条播，稻茬种麦则撒播或条播。

冬小麦适宜播种温度为 15 ～ 18℃。北方冬小麦由播种到越冬前长出 6 ～ 8 片叶，需积温 520 ～ 700℃·日；南方冬小麦长出 5 ～ 7 片叶，需积温 475 ～ 625℃·日。在适宜范围内争取早播是夺取丰收的重要环节，因此春小麦经常顶凌播种。冬小麦播种深度 3 ～ 4 厘米，春小麦 2 ～ 3 厘米。冬麦区以主茎成穗和分蘖成穗并举，每亩基本苗 15 万～ 30 万株；春麦区以主茎成穗为主，基本苗要高于冬麦区。肥力较好的田块争取分蘖成穗，基本苗可略少些；瘦地以主茎成穗为主，基本苗可稍多。旱地表土干松，播种后立即镇压，有利出苗和防冻。

◆ **田间管理**

除草。防除阔叶杂草，在分蘖期采用 72% 的 2,4-D 丁酯乳油兑水喷洒；防除野燕麦等禾本科杂草，可在杂草的 1 ～ 2 叶期采用 15% 燕麦灵乳剂兑水喷雾。

施肥。小麦需肥较多，以土层深厚、排水良好、富含腐殖质的壤土、黏壤土最为适宜。为促进小麦苗期早发，使冬前达到一定分蘖和拔节期巩固分蘖成穗，要施足基肥和重施拔节肥。干旱地区以重施底肥为主。基肥以有机肥为主，种肥则施用氮磷化肥。基肥不足的麦田在冬前或冬季补施追肥，有利于增蘖增穗。适当重施起身拔节肥，能促使分蘖成穗、穗大粒多；瘠薄麦田可适量补施孕穗肥以防止早衰、增加粒重。

培土。低温下根的生长可超过茎蘖的生长，在温度升高时，情况则相反，所以在冬小麦越冬期间要抓紧时机，采取一定措施促进根的生长。冬小麦根能深入土下 2 米以上，根系的数量和分布受土壤、水分、通气和施肥等情况的影响，主要密集于 30 厘米以内的土层中。

给排水。小麦虽较耐旱，但一生中耗水量仍达 400 ～ 600 毫米。小麦拔节到乳熟期需水量最多，占总耗水量的 60%。其中以抽穗到开花期的日耗水量最大，拔节至抽穗、开花至成熟期次之。干旱少雨地区或干旱年份，在拔节和抽穗开花期须灌溉才能保证产量。

田间持水量。播种时以 60% ～ 70% 为宜，缺水影响出苗；起身拔节期以 70% 为宜，不足则减少分蘖成穗，要及时灌水并结合追肥；拔节至孕穗期以 70% ～ 80% 为宜，不足会引起小花败育，减少粒数，要看苗追肥灌水；灌浆期间以 60% ～ 70% 为宜，缺水会引起早衰或青枯逼熟，减轻粒重，要灌好开花水和灌浆水。中国还采用"叶龄指标促控法"进行肥水管理。

小麦单产由单位面积穗数、每穗粒数和粒重构成。在大面积生产上，穗数不足则产量不高，穗数过多则易引起倒伏，故应在一定穗数基础上提高穗重。

病虫害防治。小麦病虫害较多，在中国发现有30多种病害和80多种虫害，其中较为严重的病害有条锈病（不断出现新的生理小种）、叶锈病、秆锈病、白粉病、赤霉病、根腐病、黄矮病和纹枯病等。

◆ **采收与加工**

收获脱粒宜及时，以避免不良气候可能造成的损失。手工收获多在蜡熟期、种子含水量不高于30%开始；用联合收割机收获宜在完熟期进行。留种用籽粒宜在完熟期、含水量14%～16%时收获。脱粒后要及时扬净、晒干，干燥籽粒的含水量应不高于13%，以利储藏。

◆ **价值**

小麦籽粒有丰富的淀粉，还含有较多的蛋白质及少量的脂肪、多种矿物元素和维生素B。小麦籽粒的蛋白质主要由醇溶蛋白和谷蛋白组成，俗称面筋，在面粉加水和成面团后可形成有弹性的网状结构，经发酵膨胀后，适于烤制面包和蒸馒头等。这是其他粮食作物所欠缺的一种加工特性。小麦食品工艺品质的好坏主要取决于蛋白质的含量和质量，二者又受品种遗传性和小麦生长环境条件的影响。籽粒蛋白质含量一般为12%～15%，有的可达20%以上，高于其他谷物；春小麦高于冬小麦，硬粒小麦高于普通小麦。

硬质普通小麦含蛋白质、面筋较多，质量也好，主要用于制面包、馒头、面条等；软质普通小麦面筋少，主要用于制饼干、糕点、烧饼等。粒质特硬、面筋含量高、质较韧的硬粒小麦适于制通心粉和挂面。

一粒小麦、二粒小麦、波兰小麦、斯卑尔脱小麦的籽粒一般作饲料用。少数地区也有种植普通小麦作饲草用的。

小麦籽粒还可用于制葡萄糖、白酒、酒精、啤酒和酱、酱油、醋等。麦粉经发酵转化为麸酸钠后，可制味精。面粉和制粉筛出的细麸加水揉成团后可漂洗出湿面筋，经油炸后制成油面筋，为中国特产食品。麸皮是家畜的精饲料，麦秆可作粗饲料和造纸原料，也可堆制或还田作肥料，以及用以编制手工艺品等。

稻

稻是禾本科稻属草本植物。又称禾、谷。古称稌、稬等。野生稻大多为多年生，栽培稻则为一年生。稻是世界重要粮食作物之一。

◆ 起源与分布

栽培稻是由野生稻在长期的自然选择和人工选择的共同作用下演变而成。野生稻的种类很多，自生于亚洲、非洲、大洋洲、南美洲的热带和亚热带的沼泽地或河流盆地，大多匍匐散生，粒小而长，有芒，极易落粒。1931年，R.J. 罗斯契维兹（R.J.Roschevicz）根据稻属植物的形态和地理分布，将稻属植物分为4组，包括19个野生种，并认为其中的栽培型野生稻组中所包括的5个野生种是现今栽培稻种的祖先。此后，由于新的野生种不断被发现，又有不少学者对稻属植物的分类和命名提出了各种改进意见。

稻属中只有普通栽培稻（亚洲栽培稻）和光稃稻（非洲栽培稻）为栽培稻种，为AA染色体组。根据遗传结构和形态特征的相似性，不少学者认为，普通栽培稻是由多年生普通野生稻演化而成。光稃稻是一个较原始的栽培稻种，在西非以西的部分地区仍有栽种，可能由多年生野生稻演化而成。

关于亚洲栽培稻的起源中心问题，争论颇多。根据中国学者丁颖的研究，在中国迄今所发现的 3 个野生稻种，即普通野生稻、药用野生稻和疣粒野生稻中，普通野生稻的性状与栽培稻的籼稻最相似，且二者易于杂交结实，故可认为是亚洲栽培稻的祖先。这个野生稻种在云南、广东、广西和台湾等地的主要河流流域和沼泽地有广泛分布。20 世纪 70 年代在浙江余姚河姆渡遗址和桐乡罗家角遗址发现的稻谷遗存物，碳同位素测定距今均已有 7000 年左右。截至 2006 年底，中国已发掘的新石器时代遗址中发现有稻谷遗存物的达 100 多处，其中湖南道县玉蟾岩遗址出土的栽培稻遗存物距今已有 1.2 万～ 1 万年。殷商时（前 16～前 11 世纪）甲骨文中出现"稻"字，也属世界最早。因而可认为，中国栽培稻有独立的演化系统。中国南方云贵高原一带是中国栽培稻，甚至可能是世界栽培稻的起源地。

瑞士植物学家 A.P. 德堪多认为，普通栽培稻起源于中国至孟加拉国一带。苏联植物学家 N.I. 瓦维洛夫主张印度起源说。现在多数学者认为，中国云南省和印度阿萨姆邦一带是普通栽培稻的起源地，由此向西、向南传入印巴次大陆和中南半岛，向东传入中国南方和长江流域，然后由中国中部、南部或由华北经朝鲜传入日本。非洲现在种植的普通栽培稻是 10 世纪前后由阿拉伯人传去的稻种，分布于西非的非洲栽培稻曾随移民传到中南美洲，但几乎未向其他地区扩散。

稻的生产遍及除南极地区以外的各大洲，从北纬 50°～ 51°（中国黑龙江的黑河流域）到南纬 34°～35°（南美洲大西洋沿岸），从平原到海拔 2700 米的高原地带都有栽培。因受季风影响，亚洲多数国家尤其是东亚、南亚和东南亚国家的雨量充沛，气温较高，植稻历史悠久，是水稻生产最集中的地区，总产量占全世界水稻总产量的 90% 以上。2021 年，世界水稻总产量为 7.87 亿吨，在世界农作物总产量排名中仅次于甘蔗、玉米和小麦，居第四位。其中，中国水稻总产量为 2.13 亿吨，居首位；印度第二（1.95 亿吨），再次为孟加拉国、印度尼西亚、越南、泰国等，日本、缅甸、菲律宾、朝鲜、柬埔寨等国也有种植。此外，美国、墨西哥、哥伦比亚、秘鲁、古巴、俄罗斯、乌克兰、意大利、西班牙、法国、埃及、塞拉利昂、坦桑尼亚、马达加斯加、马里、尼日利亚及澳大利亚等国也有稻的栽培。

稻的生产在中国遍及各地，以秦岭淮河一线以南为主。广东、广西和福建主要是双季连作稻；长江流域各地也有一部分双季连作稻；长江、黄河之间是发展中的稻麦两熟地区；黄河以北，东北至黑龙江，西北至新疆，不少是新稻区和盐碱地稻区，其中有不少是商品粮比重很高的高产稻区。1957 年，丁颖根据中国稻作区域的自然条件、品种类型、耕作制度以及行政区域等特点，将中国划分为华东、华中单、双季稻作带，华南双季稻作带，华北单季稻作带，东北早熟稻作带，西北干燥区稻作带，西南高原稻作带 6 个稻作地带。

◆ **类型**

栽培稻可按形态特性、生育期长短、生态适应性和籽粒的生化成分等区分为不同的类型，如籼稻和粳稻，糯稻和非糯稻，水稻和陆稻，早稻、中稻和晚稻，但彼此之间具有亲缘系统上的联系性，因而类型的区分只是相对的。

籼稻和粳稻

是栽培稻种的两大类型或亚种，也有主张再加一个爪哇型。对于二者之间的亲缘关系，一般认为籼稻是栽培稻的基本型，粳稻是籼稻的变异型。日本学者曾把籼和粳定名为印度型和日本型。丁颖把籼稻定名为籼亚种，粳稻定名为粳亚种，以反映二者的亲缘关系。但中国学者周拾禄认为粳稻不是由籼稻演变而成的生态变异型，而是两个亚种。近代的酯酶同工酶的测定也证实籼稻和粳稻在遗传上是异源。因此，籼稻与粳稻的起源问题还有待进一步研究。

籼稻和粳稻的主要区别是：籼稻株型松散，分蘖强，叶色较淡，易落粒，成熟较快，通常无芒，米粒细长，颖毛短而散生，煮饭黏性较弱而胀性较好，适应于高温、多湿的亚热带和热带气候，在中国主要分布于华南和淮河以南的平地、低地。粳稻株型紧凑，分蘖弱，叶色较深，不易落粒，成熟较慢，有些品种有芒，米粒短厚，颖毛长而密或无颖毛，煮饭黏性较强而胀性较差，适应温带气候，且较耐寒，在中国除太湖地区外，主要分布于淮河以北各地。云贵高原地区在低海拔地区种籼稻，高海拔地区种粳稻，中间地带则籼粳交错种植。

糯稻和非糯稻

糯稻和非糯稻主要是米粒所含淀粉特性的差异。糯稻米粒含支链淀粉 98% 以上，不含或含很少直链淀粉，因而黏性强，胚乳干燥后呈乳白色，不透明，煮饭的胀性差。非糯稻谷粒除含支链淀粉外，还含有

20% ～ 30% 的直链淀粉，因而黏性小，煮饭的胀性大。糯米淀粉吸收碘的能力低，遇碘溶液呈棕红褐色；非糯米吸碘力强，则现蓝紫色。非糯稻和糯稻都有籼型和粳型。非糯稻与籼型糯稻杂交结实正常，与粳型糯稻杂交仅部分结实。

水稻和陆稻

野生稻自生于沼泽地区。关于水稻和陆稻的分化过程，也有不同意见。一般认为由野生稻驯化演变最初形成的栽培稻种是水稻；陆稻是栽培稻适应旱地生态条件而形成的变异型，在有水层的土壤上也能生长。二者的区别主要在于陆稻有较强的耐旱性，根系较发达，表皮较厚，气孔较少，裂生通气组织仅有残存。水稻特别是浮稻和深水稻则根部与茎叶间有裂生通气组织贯通，故耐涝性强。浮稻和深水稻分布于江河下游低洼地带和湖泊沿岸的洼地、塘田、湖田。浮稻浮生水中，地上茎节能发根、分蘖，并随水位上涨而伸长，茎长可达 5 米以上；深水稻茎高170 ～ 270 厘米，生存的水深可达 140 厘米左右。水稻和陆稻都有籼型和粳型。

早稻、中稻和晚稻

无论籼稻或粳稻，按生育期长短都可划分为早熟、中熟、晚熟。生育期长短由品种的感光性、感温性和基本营养生长性等遗传性决定。水稻原产于高温、短日照的热带地区，高温和短日照可使营养生长期缩短，低温和长日照则可使其延长。早稻、中稻、晚稻品种对温、光的反应也有不同。晚稻对短日照敏感，只有在严格的短日照条件下才能显示其感温性而正常抽穗成熟；早稻则对日照长短无严格要求，而感温性显著。

水稻整个生育期分营养生长期和生殖生长期。生殖生长期较稳定，营养生长期则可分为基本营养生长期和可变营养生长期，后者易受温、光等条件的影响而变化。

◆ **形态特征**

稻根属须根系，不定根发达，发根节位随生育过程而逐渐增多。稻茎秆圆形，中空有节，一般由 9～19 个节和节间形成。茎上部 4～6 个节间能明显伸长，形成茎秆，基部 5～13 个节间不伸长。茎秆、叶鞘基部与茎节连接处和根部之间还有大量由薄壁组织的细胞间隙形成的裂生通气组织相互连通，是沼泽植物特有的，由茎、叶向根部输送空气的通道，作用在于补充水田供氧的不足。基节上的腋芽，在适宜条件下可形成分枝，称为分蘖。这类节称为分蘖节，这类腋芽称为分蘖芽。叶有叶鞘和叶片，二者交界处为叶枕，内有叶舌，两侧有叶耳。叶鞘卷抱茎秆而不愈合，叶片为长披针形，大小和形状随叶位的高低和品种的不同而异。植株体内光合产物的运转与叶的部位和年龄有关，随着生育期的进展，处于功能盛期的叶片不断向高叶位转移。稻穗为圆锥花序。穗轴上着生一次分枝，一次分枝上着生二次分枝。稻的果实为颖果，带内、外稃的通称稻谷，除去内、外稃的通称糙米，除去糙米果皮和种皮的通称精米。

◆ **生长习性**

水稻喜高温、短日照、多湿，对土壤的要求不严格，但以层次分明、保肥、保水、通气性好的水稻土为宜。土壤酸碱度要求接近中性，但酸性红壤和盐碱地，经灌水洗去酸性物质和盐碱后也可用于栽培水稻。陆稻能适应旱地栽培，但在淹水条件下生长发育更好，耐酸性也较强。水稻从种子萌发到重新形成种子的全部生育过程，可分为幼苗期、分蘖期、长穗期和结实期4个阶段。

幼苗期

从种子萌发开始。稻发芽的最低温度为10～12℃，最适温度为28～32℃。在水分多而氧气供应不足的条件下，先出幼芽；氧气供应充足，则先出幼根。首先破颖壳而出的芽鞘（鞘叶）呈筒状，不含叶绿素。接着从芽鞘长出第一片不完全叶（只有叶鞘，没有叶片）；以后长出的真叶都具有叶鞘、叶片、叶舌、叶耳等部分，为完全叶。胚根与芽鞘几乎同时破颖而出。当第一片完全叶生长时，芽鞘节上长出的不定根开始从土壤中吸收水分和养分。以后每抽出一叶，在其下第三节位上生出新根。在第三片完全叶展开前，幼苗赖以生长的养料主要来自胚乳，以后则靠根系从土壤中直接吸收养料，因此三叶期又称离乳期。一般在离乳期以前（即在二叶期）开始施用离乳肥。

分蘖期

当稻秧苗长出4片叶时，即进入分蘖阶段。在田间条件下，这一时期要求日平均温度在20℃以上，并有较强的光照条件和充足的肥水供应。直接从主茎上发生的分蘖称一次分蘖，由一次分蘖再发生的分蘖称二次分蘖。在大田一定栽植密度下，二次分蘖很少发生。能抽穗结实的分蘖为有效分蘖，不能抽穗结实的高位分蘖为无效分蘖。插秧过深、过密会使分蘖数减少。主茎上新叶的出现与分蘖的发生有一定的同步（同伸）关系，总是相差3个叶节。如主茎长出第四叶时，所发生的分蘖必定在第一叶节上，而第一叶节上的分蘖与第五叶同步，称为叶蘖同步（同伸）规律。根据这一规律，生产上可用主茎叶龄和分蘖节数来估计利用分蘖的潜力，确定合理的栽插密度和田间管理措施。

长穗期

即从茎秆顶端的生长点开始分化至抽穗前的阶段，也是茎的节间迅速伸长（拔节）的时期。历时 30 天左右。幼穗生长点一旦开始分化，植株就由营养生长转向生殖生长，分蘖停止，叶色褪淡，同时地上部节间开始伸长（生长期的晚稻是先拔节，之后才进入穗分化）。幼穗分化时，由剑叶原基的生长点形成第一苞原基，接着出现第二、第三苞原基，并相继形成一次枝梗原基、二次枝梗原基和颖花原基，再由颖花原基分化出护颖、外稃、内稃、雄蕊和雌蕊原基，以后发育成幼穗。此时，幼穗长 10～15 毫米，经生殖细胞形成期、减数分裂期、花粉外壳形成期和花粉成熟期后，长成稻穗。

上述幼穗分化发育的过程与 3 片顶叶的发育伸长和上位节间的拔长存在同步关系，可根据这种关系从茎、叶的生长情况来推测幼穗发育的程度。常用的方法有叶龄指数法、叶龄余数法和拔节期推算法等。稻穗大约在抽穗前 28 天开始伸长，抽穗前 20 天肉眼已能分辨。

颖花数的多少主要决定于穗分化的枝梗分化期，特别是二次枝梗分化期，穗分化的最适温度为 30℃左右。这一时期对环境条件反应敏感，低温能使枝梗和颖花分化期显著延长。特别是到了颖花原基形成和减数分裂期，抗逆性更弱，需要有足够的肥水供应和光、温条件，否则颖花数减少，已分化的颖花也易退化。

结实期

稻结实期是决定结实率与千粒重的关键时期。抽穗最适宜温度为25～35℃。从穗顶露出叶鞘10%至全穗抽出需3～5天，全田自始穗至齐穗需5～8天。多于抽穗后当天或次日开花，开花的最适温度为30℃左右，一般低于20℃或高于40℃时，受精会受严重影响。要求的相对湿度为50%～90%。一朵颖花由始开到全开需10～20分钟，开花时花丝伸长外露，花药裂开散粉后花丝凋萎，花药下垂，内、外稃随之闭合。一般上午8～9时开花，11时左右达到盛花，开花过程历时1～2.5小时。稻为自花授粉作物，异花授粉率极低。从穗分化至灌浆盛期，尤其是从颖花分化到减数分裂阶段，是结实的关键时期。良好的营养状况和高光效的群体结构，对于保证这一时期光合生产的速度以及植株体内物质运转和分配状况的良好，以提高结实率和粒重具有重要作用。籽粒的干物质除少量由抽穗前蓄积在茎鞘中的贮藏物质转运而来外，大部分是抽穗后的叶片进行光合作用的产物，因此抽穗结实阶段仍需大量水分和一定量的矿质营养；同时需要通过增强根系活力和延长茎叶功能期，以提高叶片进行光合作用和将营养物质向穗部转运的能力。

稻穗

◆ **繁殖方法**

稻属于自花受精繁殖植物。

◆ **育种方法**

中国稻的种质资源十分丰富，已收集到的地方品种达 7.4 万份。稻的育种方法主要包括：①选择育种法。这是传统育种的主要方法，20世纪 50 年代用此法选育的品种。②杂交育种法。用此法育成的品种是中国水稻栽培品种上的主体。③杂交种育种法。中国杂交水稻的研究始于 1964 年。20 世纪 80 年代以后，杂交水稻在中国的大面积推广是中国水稻育种工作上一次突破性的成就。

此外，中国自 1957 年开始将辐射诱变方法应用于水稻育种也取得显著成就。如浙江 1964 年育成的水稻"矮辐 9 号""原丰早"等，现已有 90 多个新品种在生产上应用，同时还选出一些较好的系。水稻花培育种也先后产生过若干个品种（品系）被用于大田生产和科学研究中。

◆ **采收与加工**

收获期的确定，以谷粒成熟度为准。收获过早脱粒困难，谷粒轻，易碾碎；过迟则易落粒，米质因糠层增厚而变劣。一般以蜡熟末期为收获适期。机械收获有分解收割和联合收获两种方式：前者是将收割和脱粒等工序分先后进行，后者是在田间一次完成收割、脱粒等作业。一般稻谷的安全含水量为 13% ～ 14%，如超过 15%，在粮温 25℃时约 14天即发热霉变。因此，种子入仓前要晒干扬净，贮藏期间定期检查，做好防潮、防热和防虫工作。

稻谷要经过砻谷、碾米和副产品整理等加工过程，才得到食用精米。精米中的养分因糠层被碾去而有损失。米除煮饭作为主食外，也用以酿酒和制糕点等。

◆ 用途

稻米是全球35亿人口的主食。米糠是家畜的精饲料。米糠也可榨油，出油率达10%～14%，可作工业原料，精制后可食用。糠饼可提取干酪等，用作木材黏合剂；还可制饴糖、酿酒。糖渣、酒糟可作饲料。稻壳干馏可生产活性炭、甲醇、醋酸、丙酮、酚油、焦油等多种化工产品；水解可制取糠醛，并能培养饲料酵母。稻草除作饲料、覆盖物和用于编织草绳、草袋、草帘等以外，还是造纸、人造纤维和纤维板等的原料。

玉 米

玉米是禾本科玉蜀黍属植物。又称包谷（苞谷）、包米（苞米）、包粟等。古称番麦、御麦、玉麦、御米等。栽培玉米是玉蜀黍属的一个亚种，染色体数目 $2n=20$。在墨西哥有8000多年的驯化与栽培历史，在中国有约500年的栽培史。

◆ 起源与分布

近百年来关于玉米的起源和驯化有很多研究成果。1960～1964年，R.S. 麦克尼什（Richard Stockton MacNeish，1918～2001）的考古团队在墨西哥南部特瓦坎山谷（Tehuacán Valley）史前人类文化遗址中，发掘出了一些保存完好的野生玉米穗轴，据判断为距今7000年有稃爆粒种玉米的残存物，认为是现代的栽培玉米的祖先。多个研究组的研究结果说明，玉米起源于墨西哥中南部低海拔地区生长的一种大刍草，称为巴尔萨斯大刍草，中文译名为小颖大刍草或小颖类玉米），因主要分布在墨西哥中南部的巴尔萨斯河谷而得名。

　　玉米作为一种重要的农作物，一直在美洲传播与种植。1492 年哥伦布发现新大陆时对那里的"新奇的谷物"有了一些记载，但第一次航海归来可能并未带回来玉米。1494 年哥伦布第二次航海归来把玉米果穗样品奉献给西班牙国王，其后玉米从西班牙经欧、非、亚 3 条路线传播到世界各地。关于玉米传入中国的时间和路径，史学界的说法不一，主要原因是各地的文献记载关于玉米的信息很零星、各地用方言对玉米的名称都有不同。玉米是俗称或异名最多的农作物之一。据统计，中国各地使用的、文献可考的玉米的异名达百余个，主要有包谷（苞谷）、包米（苞米）、包粟、棒子、玉茭子、珍珠米、苞芦、大芦粟、番麦、御麦、御米等。多地使用的番麦、西番麦、玉麦、御麦等名称与麦类作物严重混淆。明代的史籍中，有诸多玉米记载。明嘉靖三十四年（1555）成书的《巩县志》，称玉米为"玉麦"。嘉靖三十九年（1560）的《平凉府志》，称玉米为"番麦"或"西天麦"。李时珍写作《本草纲目》（1578 年定稿，1596 年首次出版）"玉蜀黍"一目时，他以本草学家的科学视野为玉米重新命名为"玉蜀黍"是正式名称，而"玉高粱"是当时的俗名。"玉蜀黍"一词指代玉米及其亲缘物种沿用至今。"玉米"之名最早见于明末徐光启《农政全书》（1639 年出版）。有学者称，玉米始于嘉靖（1522～1566）"中兴"时期，因外番朝贡带入中国。明嘉靖二年至八年，天方、撒马尔罕等地有使团频繁来华，中国玉米应由这些西亚、中亚，更有可能是西亚使团或商团经丝绸之路带来，最初由北京、南京的宫廷园囿和直属机构种植，分别传向民间，"御米"转入民间后简化为"玉米"。总之，玉米传入中国的时间大约是 16 世纪初期，推测的玉米传入中国的线路有西北、西南陆路和东南海上 3 条线路进入中国。

玉米是世界上分布最广的作物之一，从北纬 58°到南纬 35°～40°的地区均有大量栽培。种植面积以北美洲最多，次为亚洲、拉丁美洲和欧洲。世界玉米集中分布在三大黄金带：一是美国中部玉米带，生产了世界 2/5 以上的玉米；二是中国的华北平原、东北平原、关中平原、四川盆地等，占世界玉米产量的 1/6 以上；三是欧洲南部平原，西起法国，经意大利、塞尔维亚等国到罗马尼亚。

玉米的种植规模，种植面积和产量以美国第一，中国次之，巴西居三，欧盟、阿根廷、乌克兰、印度、墨西哥等也是玉米主要生产国或地区。21 世纪以来，玉米产业发展迅速，玉米也已成为全球第一大粮食作物。2022 年，世界玉米总产量为 11.48 亿吨，约占全世界粮食总产量的 42%。

玉米生产集中度较高。北美洲、亚洲、南美洲的玉米种植面积均很大，美国、中国、巴西、阿根廷是全球玉米总产量最高的 4 个国家，累计占 2019 年全球玉米产量的 68%。美国是全球最大的玉米生产国，2019 年的玉米产量为 3.48 亿吨，占全球总产量的 31%。中国是全球第二大玉米主产国，2019 年的玉米产量为 2.61 亿吨，占全球总产量的 23%。全球玉米消费的集中度也很高。美国和中国是全球最大的玉米消费国，2019 年度美国和中国的玉米消费量分别为 3.14 亿吨和 2.79 亿吨，两国玉米消费量之和占全球消费总量的 52%。其中，21 世纪以来中国玉米需求量的年均增速高达 6.9%，高于同期美国 1.8% 的年均增速。此外，欧盟、巴西和墨西哥的玉米消费量也相对较大，2019 年度分别达到 8250 万吨、6700 万吨和 4450 万吨，占全球的 7.3%、5.9% 和 3.9%。

据国家统计局统计数据显示，2012 年以前，玉米在中国的栽培面积次于小麦、水稻，居第三位；2012 年，中国玉米总栽培面积为 3494.9 万公顷，超过水稻总栽培面积 3013.7 万公顷，成为中国栽培面积最大的粮食作物；此后，玉米一直是中国栽培面积最大的粮食作物。2023 年，中国玉米总栽培面积约为 4421.9 万公顷；总产量达 2.88 亿吨。

中国的玉米集中分布在从东北经华北走向西南的斜长形地带内，其种植面积约占全国总面积的 85%。中国可分为 6 个玉米种植区：北方春玉米区、黄淮海平原夏玉米区、西南山地玉米区、

玉米

南方丘陵玉米区、西北灌溉玉米区和青藏高原玉米区。

◆ 形态特征

玉米属于须根系作物，在种子萌发时，最先长出的一条幼嫩根，称为初生根，其后在下胚轴下方长出几条根，称为不定根或次生根。其后在 1 ～ 7 茎节上都可以长出一盘根来。从地下茎节上长出的称地下节

根，一般 4 ～ 7 层。从地上茎节上长出的节根称为支持根，又称气生根，一般 2 ～ 3 层。玉米茎由节与节间组成。节间数与叶片数相等，一般玉米有 15 ～ 24 个节，通常早熟品种节数较少，而高秆晚熟品种的节数较多。玉米叶由叶片和叶鞘组成。玉米叶片数和节数相同，一般全株有 15 ～ 24 片叶子。玉米与其他禾谷类作物比较，其花序特殊。玉米的花序为单性的雄性花序或雌性花序，雌雄同株。雄穗着生于植株的顶端，为圆锥花序。雌穗着生于植株中部的叶腋内，为肉穗花序。玉米雌穗授粉结实后称为果穗，俗称玉米棒子。玉米果穗由苞叶、穗柄、玉米芯（穗轴）和籽粒构成。籽粒在玉米果穗上成行排列，行数都为偶数，是因为玉米花序的小穗都是成对排列的。玉米籽粒在植物学上看类似果实，称颖果，因为其种皮和果皮分不开。籽粒常呈黄色、白色、紫色、红色或呈花斑色等。生产上栽培的以黄色、白色者居多。

◆ **变异类型**

现代栽培玉米在长期的栽培实践中，由于人类的定向培养及对环境适应性的变异，形成了一系列适于各种栽培目的的变异类型。玉米按籽粒的物质成分与质地，一般分为硬粒型、马齿型、半马齿型、糯质型、甜质型、粉质型、甜粉型、爆裂型和有稃型 9 种类型。

硬粒型玉米。果穗多为圆锥形，籽粒坚硬，顶部圆形，有光泽、籽粒顶部和四周的胚乳都是角质胚乳，仅胚乳中心有一小部分为粉质胚乳。籽粒以黄色居多，其次为白色，亦有红色和紫色。硬粒品种具有品质好、早熟、产量较低而稳、适应性强等特点。硬粒型玉米多为地方品种。

马齿型玉米。果穗为圆柱形，籽粒较大呈扁平方形或扁平长形，籽粒四周为角质胚乳而中心和顶部胚乳是粉质胚乳,成熟时籽粒顶部凹陷呈马齿状。粒色以黄色为主,次色为白色、红紫色。马齿型品种作为人类膳食用的食用品质较差,但产量高,是栽培品种(杂交种)的主要类型。

半马齿型玉米。硬粒型和马齿型杂交而成的玉米,果穗长锥形或圆柱形,粒型和胚乳淀粉类型介于硬粒型和马齿型之间。品质较好、产量较高、适应性很强,生产上应用的品种很多都是这种类型。

糯质型玉米。国外称其为蜡质型玉米,中国称为糯玉米。胚乳全为角质淀粉组成,籽粒不透明,无光泽,胚乳像石蜡,淀粉几乎 100% 为支链淀粉,煮熟时淀粉黏性高,遇碘显红色反应。粒色有黄、白、紫、黑或花色等多种。糯质型是玉米引入中国后形成的一种新类型。一般采收嫩穗煮熟食用。

甜质型玉米。又称甜玉米,由于所带隐性基因种类不同,又分为普通甜玉米、加强甜玉米和超甜玉米 3 种。籽粒胚乳无或少量淀粉、含糖量高,在乳熟期籽粒糖分含量为 10% ~ 30%,灌浆期籽粒内的糖分物种不能及时转化为淀粉,故成熟后籽粒皱缩成为皱瘪籽粒。粒色有黄、白、彩色等。一般采收嫩穗煮熟食用和加工制罐。在中国农业生产上,糯玉米和甜玉米合成鲜食玉米。

粉质型玉米。籽粒与硬粒型玉米相似,胚乳主要由粉质胚乳组成,仅外层有少量或无角质胚乳。籽粒组织松软,易磨粉。赖氨酸含量高,产量偏低,不耐贮藏,易受象鼻虫危害。

甜粉型玉米。含糖质淀粉较多,籽粒上部为角质胚乳,下部为粉质胚乳,生产价值较小。

爆裂型玉米。穗小轴细，粒小坚硬，籽粒顶端突出，有米粒形和珍珠形两种形状，胚乳全为角质胚乳。籽粒多为黄、白色，红紫色也有。主要用作爆米花及制糕点。爆米花分蝴蝶形和球形。

有稃型玉米。植株多叶，籽粒外有稃包住，有时有芒，常自交不孕，籽粒坚硬，具各种形状和颜色，脱粒不便，无栽培价值。

在农业生产上，根据籽粒的组成成分及栽培的用途，可将玉米分为特种玉米和普通玉米两大类。特种玉米又称特用玉米，指具有较高的经济价值、营养价值或加工利用价值的特殊用途的玉米。特用玉米以外的玉米类型即为普通玉米。普通玉米常用作饲料、酿酒、制作淀粉、糖浆和其他产品。特用玉米一般是人类食用或者有特别用途的玉米，如糯玉米、甜玉米、爆裂玉米、高油玉米、高赖氨酸玉米、高直链淀粉玉米等。

◆ **生长习性**

玉米是喜温作物，其生长发育季节是春季、夏季和秋季。种子发芽的最适温度为 25 ～ 30℃，低于 20℃种子难以发育，故早春（南方 4 月以前）直播种植时玉米难出苗，早春种植玉米需育苗移栽。玉米营养生长阶段（苗期）要求的气温不高，10℃即可生长，但转入生殖阶段后（拔节期及以后），要求较高的气温，一般要求日平均气温 18℃以上，气温愈高生长愈快。从抽雄到开花期要求日平均气温为 26 ～ 27℃。籽粒灌浆和成熟阶段要求保持在 20 ～ 24℃以上，以利于营养物质的积累。秋季气温低于 16℃时，淀粉酶的活动受到影响，会导致籽粒灌浆不良。玉米品种的熟性可分为早熟、中熟和晚熟 3 类，其积温分别为 2000 ～ 2300℃·日、2300 ～ 2500℃·日和 2500 ～ 2800℃·日。南方春播玉米，按其全生育期天数可以划分为早熟品种、中熟品种、晚熟品种，其全生育期分别为 85 ～ 100 天、101 ～ 120 天、121 ～ 145 天。早、中、晚熟品种在东北的全生育期比在南方的早、中、晚熟品种约长 10 天。

玉米为短日照作物，一般早熟品种对光周期反应弱，晚熟品种则较强。玉米是典型的 C_4 作物，喜温、喜光、喜湿，在高温、高湿、高光照条件下光合作用快、同化产物积累快，生长发育迅速。玉米的植株高，叶面积大，因此需水量也较多。玉米生长期间最适降水量为 410 ～ 640 毫米，干旱影响玉米的产量和品质。低于 150 毫米的地区种植玉米需要灌溉设施，而降水过多、高湿润地区，玉米的根部、叶片、茎秆、穗部的病害严重，玉米产量较低、品质下降。玉米对土壤要求不高，在沙壤土、壤土、黏土上均可生长，适宜的土壤 pH 为 6.5 ～ 8.0。玉米的耐盐碱能力差，特别是氯离子对玉米的危害较大，但在北方盐碱地长期栽培的玉米农家种和盐碱地上培育的品种有较强的盐碱耐受能力。

◆ **繁殖方法**

玉米为一年生草本作物，其根系已无再生能力，无法进行宿根营养繁殖，只能通过有性生殖方式（雌、雄配子融合）才能得到后代。玉米是典型的单性花序作物，通过异花授粉方式进行种子繁殖。但玉米可以获得植株内的雌、雄花间授粉结实种子，也被称为自交。开放授粉品种（即农家品种）的繁殖方式是品种内各植株间自由授粉，通常情况下异株间的雌雄杂交结实率（异交率）大于 90%。在作物育种上，自交系的繁殖方式是人工强迫自交，即自交系的每个单株的雌穗被套上纸袋，用同一株的雄穗花粉授粉，自交率为 100%。在生产上为了生产杂交种的种子，先对母本自交系进行人工去雄或机械去雄，在这种情况下母本花丝必须得到父本自交系的花粉才能结实，母本的异交率为 100%。玉米杂交种制种多采用人工去雄或机械去雄的方法进行，栽培及管理措施得当的情况下，种子产量较高、质量较好，但制种成本较高。玉米的另一种制种方法称为雄性不育化制种，即使用细胞质不育"三系"系统或核不育"两系"系统制种。依赖于转基因技术的核不育制种技术，称为玉米核不育种子生产技术（简称玉米 SPT 技术），又称第三代不育制种技术。该方法先进、可靠，制种成本较低，可望成为未来玉米制种的主流技术。

◆ 育种方法

现代玉米育种的基本方法就是选育杂种优势更强的玉米自交系间的玉米杂交种。基本途径是先选育纯合的自交系，再将自交系两两组合获得杂交子一代种子（杂交种），再通过育种程序将某个和多个杂交种升级为生产上用的商品品种。

◆ 栽培管理

适时早播

适时早播对于春播玉米和夏播玉米都是很重要的。在春玉米地区，当土壤表层 5～10 厘米的地温稳定在 10～12℃时即可播种，但早春玉米播种需要先催芽，否则种子因长时间不出苗而霉烂。夏播玉米适时早播可延长生长时期，充分利用光热资源，避免晚秋霜害、冻害。

合理密植

中国各省、区的玉米种植密度普遍偏低，增加种植密度可以提高产量。现在各省的玉米育种工作很注重品种的株型，一大批直立型玉米品种已相继投放市场。东北地区春播玉米区和黄淮海夏播玉米区玉米的种植密度一般应在3500～3800株/亩和4000～4300株/亩。

合理施肥和灌溉

玉米生长需氮、钾较多，需磷较少，但土壤中有效磷含量低于10毫克/千克时，施磷有显著增产效果。春玉米生长时间长，一般宜轻施拔节肥，重施穗肥。夏玉米生长发育较快，宜适当重施拔节肥，轻施穗肥。玉米苗期需水较少，拔节孕穗期则营养生长和雌、雄穗分化均需较多水分。抽穗前干旱，会使雌、雄穗抽出的时间相隔过长，影响授粉结实，此时田间持水量以最大田间持水量70%～80%为宜，占总需水量的23%～30%。抽雄开花期需水最多，如遇干旱高温则不育花粉增加，花粉和花丝寿命缩短，造成缺粒秃顶，此时田间持水量以最大田间持水量80%为宜，占总需水量的14%～28%。灌浆成熟期是产量形成的主要阶段，需较多水分，田间持水量以最大田间持水量75%为宜。整个生长期间每亩需水250～270立方米。但玉米并不耐涝，田间40厘米深的土层有积水时，应及时排水。苗期中耕2～3次，拔节孕穗期进行中耕除草和浅培土。

病虫害防治

玉米病害有30种以上，危害性较大的有大斑病、小斑病、丝黑穗病、青枯病、病毒病、茎腐病和穗腐病等。大斑病和小斑病主要发生在叶片上。前者病斑大而少，长梭形，黄褐色，病斑背面有黑霉层，多见于冷凉山区和北方春玉米区；后者病斑小而多，梭形或椭圆形，棕色或灰白色，边缘颜色较深，多见于温暖而雨露较多的地区以及南方夏播玉米区。

丝黑穗病侵害雄穗后小花基部膨大，内包黑粉，颖片增多，雌穗受害则除苞片外全穗变成一团黑粉。矮花叶病和粗缩病是主要的病毒病。这些病害尚无特效农药防治，主要靠抗病育种、加强田间管理等措施预防。主要害虫有玉米螟、地老虎、蝼蛄、红蜘蛛、高粱条螟、黏虫和草地贪夜蛾等，一般用辛硫磷、甲维·虫螨晴、高效氯氟氰菊酯、氯虫苯甲酰胺、氯虫·高氯氟、甲维·高氯氟等农药防治。

采收与加工

玉米雄穗散粉后约 40 天，果穗苞叶开始变黄、籽粒变硬、籽粒基部黑色层形成时，即可收获。采收方式有手工采收和机械采收两种，前者为人工收获玉米棒子，晒干后，人工脱粒。后者一般是等到玉米植株干枯、籽粒脱水硬化，籽粒含水量小于 10% 后，使用联合收割机一次完成秸秆粉碎和籽粒脱粒装袋。

玉米的粗加工形式很简单，就是将籽粒磨成玉米粉。玉米粉作食用的粗粮，主要用于制作窝窝头或玉米粥。现在玉米粉大多用作饲料量，添加到动物饲料中去，一般动物饲料中玉米粉占 60% ～ 70%。现在有相当一部分玉米用于深加工工业。玉米深加工的产业链长、产品众多，包括玉米淀粉、淀粉糖（浆）、玉米醇溶蛋白、玉米胚芽油、变性淀粉、酒精、酶制剂、调味品、药用、化工等八大系列，大宗的深加工产品是淀粉、酒精、氨基酸，其他产品有聚乳酸、木糖醇、化工醇、蛋白饲料、纤维饲料、糠醛等数千个产品。2013 年，中国玉米深加工六大类产品（淀粉、淀粉糖、酒精或乙醇、柠檬酸、赖氨酸、味精）加工能力约 5100 万吨，实际加工玉米 4700 万吨，相当于中国玉米产量的 21%。

◆ **价值**

玉米籽粒营养丰富，含淀粉约 73%，蛋白质约 8.5%，脂肪约 4.3%，且含有较高的维生素（硫胺素、核黄素等）和胡萝卜素。每百克玉米热量为 1527 千焦，热量和脂肪的含量均比大米和面粉高，但玉米籽粒的赖氨酸和色氨酸的含量不足，通过育种可提高赖氨酸含量。玉米胚含油 36% ~ 41%，亚油酸的含量较高，为优质食用油。玉米籽粒主要供食用和饲用，可烧煮、磨粉或制作膨化食品。蜡熟期收割的茎叶和果穗，柔嫩多汁，营养丰富，粗纤维少，是奶牛的良好青贮饲料。

玉米在工业上可制玉米淀粉、玉米醇溶蛋白、玉米胚芽油、氨基酸等，深加工可制取酒精、白酒、啤酒、乙醛、醋酸、丙酮、丁醇等。用玉米淀粉制成的糖浆无色、透明、甜度高，可用于制作糖果、糕点、面包、果酱及各种饮料。此外，穗轴可提取糠醛，秆可造纸及做隔音板等。果穗苞叶还可用以编结日用工艺品。玉米须可入药，有利尿消肿、清肝利胆的功效，在中医上用于治疗水肿、小便淋沥、黄疸、胆囊炎、胆结石、乳汁不通等疾病。特种玉米的商用价值更高，在生产上种植特种玉米的直接经济收益比普通玉米高一倍以上。鲜食玉米（甜玉米和糯玉米）除作时鲜蔬菜上市外，还大量用于制作玉米罐头、速冻玉米粒、玉米饮料（果羹）等。

第 2 章

杂粮作物

荞　麦

荞麦是蓼科荞麦属一年生或多年生草本植物。又称净肠草、乌麦、三角麦。

◆ 起源与分布

荞麦起源于中国和亚洲中部，约公元 1 世纪传播到欧洲等地。荞麦主产于中国、俄罗斯、加拿大、法国、波兰等。中国主要产区在西北、东北、华北、西南一带高寒山区。据联合国粮食及农业组织（FAO）统计，2019 年全世界荞麦收获面积约 167 万公顷，总产 161 万吨。因生育期短和适应性广，荞麦是粮食作物中比较理想的填闲补种作物，也是一种蜜源作物。

荞麦染色体数有 $2n=16$ 和 $2n=32$ 两种。栽培荞麦有 3 个种：①甜荞。又称普通荞麦，是中国栽培较多的一种。②苦荞。又称鞑靼荞麦，中国西南地区栽培较多。③翅荞。又称有翅荞麦，中国北方和西南地区有少量栽培。在中国各荞麦主产区几乎均有米荞，其瘦果似甜荞，两棱中间饱满若胀，光滑无深凹线，但棱钝皮皱又似苦荞，其种皮易于爆裂而成荞麦米。中国西南与东北地区还广泛分布着类型极为丰富的野荞（又称金荞麦、老虎荞、万年荞、土茯苓等），一年生和多年生，也有甜荞类型和苦荞类型。野生甜荞分布在海拔2500米左右的荒原地和灌木林中，野生苦荞多分布在海拔3000米以上的荒原地与灌木林中。中国西藏地区野生荞麦也较多，有草本、近木质、藤本等不同类型，其中有的具有块根与地下肉茎。

◆ 形态特征

荞麦茎直立有分枝，质柔软。叶戟形，互生。总状或圆锥状花序。花被五深裂、裂片呈长椭圆形，色白或淡红。籽实为三棱形瘦果，黑、褐或灰色。种子中胚乳极发达，胚藏于胚乳中，有薄而宽大的子叶2枚。

甜荞。茎细长，常有棱，色淡红带绿。叶基部有不太明显的花斑或完全缺乏花青素。总状花序，上部果枝为伞形花序。花较大、玫瑰色或红色。两型花，一种是长花柱短雄蕊花，一种是短花柱长雄蕊花，通常同一株上的花是同型的。同型花间传粉常不受精，异形花间传粉才能结实。也偶见有雌、雄蕊等长的花和少数不完全花，这些花常不结实。子房周围有明显的蜜腺，具香味，利于昆虫传粉。瘦果较大，三棱形，表面与边缘光滑，品质好。野生甜荞为两性花，多者一株可有4000多朵花，但结实率很低。在空旷地带一般株高约140厘米，在灌

甜荞

木丛中株高可达 300 多厘米。

苦荞。茎常为光滑绿色。叶基部常有明显的花青素斑点。所有果枝上均有疏松的总状花序。花较小，紫红色与淡黄绿色，无香味，雌、雄蕊等长，自花传粉。瘦果较小，棱不明显，有的呈波浪状，表面粗糙，两棱中间有深凹线，壳厚，果实略苦。野生苦荞一般株高约 40 厘米，花期长达 100 天，结实率很高。

翅荞。茎淡红。叶大。多为自花传粉。瘦果有棱而呈翼状，品质差。

◆ 生长习性

荞麦为短日照作物。喜凉爽湿润，不耐高温旱风，畏霜冻。积温 1000 ～ 1200℃·日即可满足其对热量的要求。种子在土温 16℃以上时 4 ～ 5 天即可发芽。开花结实最适宜的温度为 25 ～ 30℃。每株可开花 2000 多朵，但结实率仅 15% 左右，加之叶片同化能力弱，花果常脱落或停止发育。在中国南方，出苗后 8 ～ 10 天即已开始形成花蕾，花期可延长到 35 ～ 40 天；在北方从出苗到现蕾也只有 20 天左右。从现蕾起，营养生长与生殖生长同时进行，生长加快，至开花盛期达到最高峰，以后逐渐减慢，直到收获。

◆ 繁殖与育种

荞麦是两性花异花授粉植物，结实率较低，做好花期管理，可结合养蜂进行辅助授粉。荞麦育种可采用引种法、选择法等。

◆ 栽培管理

荞麦春夏秋三季均可播种，掌握播种时间使盛花期与雨季相吻合十分重要。以磷肥拌种可显著提高产量。采用条播时，行距一般约 45 厘米，每亩播量 2 ～ 4 千克。

◆ **选地与整地**

荞麦适应性较强，对土壤的要求不高，很多土壤条件都能适应，最好的是较疏松的沙壤土。

田间管理

根据各生长阶段的不同要求及环境条件的变化进行田间管理。主要内容包括：①除草。中耕除草，清除杂草，疏松土壤。②施肥。荞麦生长周期相对较短，生长速度快，对肥力的要求较高，是需要施较多肥的作物。整体来说，荞麦对钾肥的需求最大，其次是磷肥和氮肥，不同的生长阶段对肥力及肥料种类的侧重也不同，施肥时要根据具体的生产阶段按需施肥，以保证生长所需的充足营养。③培土。荞麦种子顶土力小，根系弱，故土层宜深厚而疏松，以利于幼苗出土和促进根系发育。适宜的土壤 pH 为 6 ～ 7。开展有效的保苗措施，保证出苗率。④给排水。荞麦需水量比小麦多 1 倍，从开花到收获期间的需水量也比出苗到开花期间多 1 倍。开花盛期是需水临界期，蒸腾系数一般为 450 ～ 630。⑤病虫害防治。荞麦的病虫害少且轻，偶有白粉病。

采收与加工

在同一株上，当基部种子已完全成熟时，上部尚在开花，因此，为防基部种子脱落，当大部分种子成熟即可收获。

◆ **用途**

荞麦蛋白质含量在 10% ～ 12%，具有人体必需的多种氨基酸，其中赖氨酸的含量约比小麦与水稻高 2 倍，富含亚油酸等不饱和脂肪酸、钙、磷和铁，维生素 B_1、维生素 B_2、维生素 E，柠檬酸、苹果酸和芦丁。荞麦具有良好的适口性，可做面条、饸饹、凉粉、糕饼和荞麦米饭，还可做麦片和糖果的原料。茎秆、糠壳和麸皮是牲畜的良好饲料。中医学上用于治疗和预防高血脂病、高血压病、糖尿病及微血管脆弱性出血等。野荞麦籽粒亦可食用，中医学上全株均入药。

藜　麦

藜麦是藜科一年生草本粮食作物。

5200～7000 年前，藜麦首次被用于喂养牲畜；3000～4000 年前，藜麦在秘鲁和玻利维亚的的喀喀湖盆地被人类食用。藜麦种子中富含蛋白质、膳食纤维、维生素 B 和膳食矿物质，其含量高于许多谷物。安第斯地区几乎所有的藜麦生产都是由小农场和协会完成的。它的种植已经扩散到 70 多个国家，包括肯尼亚、印度、美国和几个欧洲国家。据联合国粮食及农业组织（FAO）统计，2019 年，全世界藜麦收获面积约 18 万公顷，总产 16 万吨，秘鲁和玻利维亚产量最高，合计占总产量的 97%。自 2013 年以来，中国藜麦产业发展迅速，2017 年种植面积为 13.5 万亩，中小规模藜麦企业 100 多家。

◆ 起源

藜属植物基本染色体数为 $x=9$，藜麦是异源四倍体，染色体数为 $2n=36$，由 2 个二倍体种杂交后加倍而成。

藜麦起源于安第斯山中部，原产于南美洲安第斯山脉的哥伦比亚、厄瓜多尔、秘鲁等中高海拔山区，从海平面的智利北部地区到海拔

4000 米的玻利维亚高原地区均有种植。藜麦的驯化包括籽粒变大，产量增加、分枝减少和花序变大，种子休眠期缩短，果实自动开裂和种子脱落减少。藜麦的地方品种已经适应不同土壤、气候和特定日长的变化。

◆ **形态特征**

藜麦为双子叶植物，不像其他单子叶植物含有麸质。根据藜麦的生理效率将其归类为 C_3 植物。

藜麦根系分枝能力强，根系庞大但分布较浅，根上的须根多，吸水能力强，在干旱沙地根系半径有时可达 1.8 米。藜麦茎部质地较硬，有的有分枝，有的没有分枝。叶片在同一植株中有几种形态，不同品种间的叶片形状和颜色也有差异，叶片两面都有气孔，幼嫩叶片正面常被草酸钙覆盖。单叶互生，叶片呈鸭掌状，叶缘分为全缘型与锯齿缘型。藜麦花序呈伞状、穗状、圆锥状，包括中心花轴、二级花序和三级花序。花穗具有松散和紧凑两种类型，花为不完全花，雌雄同花和单性花都存在，可进行自花授粉和异花授粉。藜麦果实呈粒型，果实包裹在花被中。藜麦种子较小，呈小圆药片状，直径 1.5 ～ 2 毫米，千粒重 1.4 ～ 3 克。

◆ **生长习性**

藜麦具有一定的耐旱、耐寒、耐盐性，生长范围为海平面到海拔 4500 米左右的高原，最适高度为海拔 3000 ～ 4000 米的高原或山地地区。

◆ **繁殖方法**

藜麦花为不完全花，雌雄同花和单性花都存在，可进行自花授粉和异花授粉。

◆ **育种方法**

藜麦是一种利用不足的作物，为扩大其在全球范围内的生产，还需要通过育种工作改善其农业性状。藜麦的育种方法主要有选择法、引种、杂交育种、种间或属间杂交、回交、杂种优势利用和诱变等方法。

◆ **栽培管理**

选地与整地

选择地势较高、阳光充足、通风条件好及肥力较好的地块种植藜麦。藜麦不宜重茬，忌连作，应合理轮作倒茬。前茬以大豆、薯类为好，其次是玉米、高粱等。早春土壤刚解冻，趁气温尚低、土壤水分蒸发慢的时候，施足底肥，达到土肥融合，壮伐蓄水。播种前每降 1 次雨及时耙糖 1 次，做到上虚下实，干旱时只耙不耕，并进行压实处理。

播种期一般选在 5 月中旬、气温在 15 ～ 20℃时为宜。播种量为每亩 0.4 千克。播种深度 1 ～ 2 厘米。一般使用耧播，也可采用谷子精量播种机播种。行距 50 厘米左右，株距 15 ～ 25 厘米。

田间管理

根据各生长阶段的不同要求及环境条件的变化进行。

藜麦出苗后应及早间苗，并注意拔除杂草。一般每亩施腐熟农家肥 1000 ～ 2000 千克、硫酸钾型复合肥 20 ～ 30 千克。如果土壤比较贫瘠，可适当增加复合肥的施用量。要求一次性施足底肥，如果生长中后期发现有缺肥症状，可适当追肥。

藜麦出苗后，要及时查苗，发现漏种和缺苗断垄时，应采取补种。对少数缺苗断垄处，可在幼苗 4 ～ 5 叶时雨后移苗补栽。移栽后，适度浇水，确保成活率。缺苗较多的地块采用催芽补种。藜麦主要以旱作为主，如发生严重干旱，应及时浇水。藜麦病害主要防治叶斑病。藜麦常见虫害有象甲虫、金针虫及蝼蛄等。

◆ 采收与加工

在成熟期，要严防麻雀为害，及时收获，防止大风导致脱粒，造成损失。

◆ 用途

藜麦的营养价值超过很多传统的粮食作物，是一种全谷全营养完全蛋白碱性食物，藜麦的蛋白质含量与牛肉相当，其品质也不亚于肉源蛋白与奶源蛋白。藜麦所含氨基酸种类丰富，除9种必需氨基酸外，还含有许多非必需氨基酸，特别是富含多数作物没有的赖氨酸，并且含有种类丰富且含量较高的矿质元素和多种人体正常代谢所需要的维生素，不含胆固醇与麸质，糖含量、脂肪含量与热量都属于较低水平。

藜麦的全营养性和高膳食纤维等特性决定了它对健康的益处。研究表明，藜麦富含的维生素、多酚、类黄酮类、皂苷和植物甾醇类物质具有多种健康功效。

藜麦具有高蛋白，其所含脂肪中不饱和脂肪酸占83%，是一种低果糖低葡萄糖的食物，能在糖脂代谢过程中发挥有益功效。

黑　麦

黑麦是禾本科黑麦属一年生或越年生草本粮食和饲料兼用作物。

黑麦主要栽培区域在北欧，加拿大和美国等也有种植。因抗逆性强，多分布在贫瘠地区的沙性或酸性土壤中，有"穷人的小麦"之称。据联合国粮食及农业组织（FAO）统计，2019 年，全世界黑麦收获面积约 421 万公顷，总产 1280 万吨。黑麦在中国仅零星分布在云南、贵州、内蒙古、甘肃、新疆等省区的高寒山区或干旱地区，在这些地区产量往往比普通小麦高而稳定。但因其品质与口感差，栽培面积仍呈缩减趋势。

◆ **起源**

黑麦原产地在外高加索、阿富汗、伊朗、土耳其，并发现有其多年生野生种；但 N.I. 瓦维洛夫认为，栽培黑麦并非由它演化而来。黑麦在原产地被当作小麦田中的杂草，随冬小麦向北欧扩展时，因其适应性强且显示较好的生长势，种子又有食用价值，便逐渐被当作栽培作物。

◆ **形态特征**

黑麦须根系发达，可深入土中 120～180 厘米。茎秆细长而有韧性。叶较小麦短小，被蜡质，叶鞘通常是紫色或褐色，有毛，叶舌短，叶耳狭小。穗状花序，花药肥大，花粉多，有利于杂交授粉。穗形比小麦穗细长，每穗有 30～40 个小穗，每小穗通常有两朵小花结实，结实率为 70% 左右。穗呈四棱状，护颖狭窄，籽实狭长。颖果成熟时与内、外稃脱离，籽粒细长，顶端有毛，呈淡褐色或青灰色。

◆ **生长与繁殖**

黑麦有冬春性之分，冬黑麦产量高于春黑麦。黑麦有自交不亲和性及自交退化现象，从中选出一些可育性好的自交系配成综合品种，可比开放授粉的品种增产。黑麦通过人工诱变成同源四倍体，千粒重比二倍体增加 50% 左右，发芽力强，面粉的发酵性能和抗倒伏力均有所提高，但耐寒力和结实率下降。黑麦与六倍体普通小麦杂交，杂种经染色体加倍，即得八倍体小黑麦。

◆ **栽培管理**

黑麦的栽培管理技术见小麦栽培。黑麦对白粉病免疫，抗条锈和秆锈病的能力也较强，但对叶锈病的抗性则较差，且易感染赤霉病和麦角病。麦角所含麦角素会引起中毒，发现病穗需及早拔除。

◆ **用途**

根据用途适时收获青饲料或籽粒。籽粒的蛋白质含量为 9% ～ 11%，略低于小麦，而赖氨酸含量高于小麦。欧、美许多国家多用黑麦粉制黑面包，用籽粒制成麦芽浆酿造威士忌酒或酒精。黑麦面粉中没有具弹性的面筋，保持气体的能力也远不如小麦面团，因此食用性较差。中国则多作杂粮用，磨碎的黑麦是良好的精饲料，多与其他饲料谷物掺和喂饲，以改进适口性。其茎秆柔软、蛋白质含量高，除作为优质的青草饲料外，还可用于造纸、编织草帽辫和作覆盖作物、绿肥等。由于它植株高大，产草量多，欧美各国多作青饲料。美国青贮黑麦的面积占黑麦总面积的一半。

大 麦

大麦是禾本科大麦属一年生、越年生或多年生草本作物。

大麦属约有 30 多个种，中国已发现 11 个种，其中仅普通栽培大麦有栽培价值，为重要的饲料和酿造原料，少数用作粮食。栽培大麦及其一年生近缘野生类型野生二棱、野生六棱和野生瓶形大麦，染色体数均为2*n*=14，彼此杂交能育，遗传上同源。

大麦在世界上分布广泛，从南纬50°（阿根廷）到北纬70°（挪威），从海拔1～2米的低地到4750米的高原（中国西藏自治区）都有种植。世界谷类作物中，大麦的总面积和总产量仅次于小麦、水稻、玉米而居第4位；平均单产也仅低于玉米、水稻、小麦。欧洲栽培面积最大，占世界大麦总面

大麦

积的50%左右；其次为亚洲，约占20%。据联合国粮食及农业组织（FAO）统计，2019年，世界大麦收获面积5115万公顷，总产约15898万吨。俄罗斯、法国、德国、加拿大、中国总产居前5位，俄罗斯、澳大利亚、哈萨克斯坦、土耳其、加拿大播种面积居前5位。单产最高的是比利时，每公顷产量8577千克，其次是爱尔兰，每公顷产量8249.3千克。

大麦已有很悠久的栽培历史，中东、埃及等地多次发现新石器时代早期的大麦遗物。中国大部分省市均有大麦栽培，产区主要分布在长江中下游、黄河流域、青藏高原、新甘蒙农牧区和东南沿海地区。2019年，中国大麦种植面积26万公顷左右，总产90万吨。

◆ 起源

一般认为大麦原产于西亚美索不达米亚一带，后传至东亚、北非和欧洲。古代欧洲人即以大麦为主食，16世纪后渐为小麦所替代。欧洲殖民者将大麦引入美洲、澳大利亚等地。公元前3000年前后，美索不达米

亚和古埃及都有关于大麦的文字记载，其原始雕刻象形文字，以后发展为楔形文字的变体。在中国，大麦古称"來"，殷代甲骨文中已有"倨"（來）字，现今藏语仍称青稞为"來"，这说明大麦在中国古代已广泛种植。

栽培大麦由野生大麦演化而来，尚有与栽培大麦亲缘关系密切的野生二棱大麦和野生六棱大麦。其分布中心一是中亚的土耳其、约旦、叙利亚、以色列、伊拉克、伊朗一带，常见二棱野生大麦；二是中国的西藏、青海和四川西部，也广泛生长二棱、六棱和中间型野生大麦。

大麦的演化过程，至今看法不一。瑞士植物学家 A.P. 德堪多认为，栽培大麦由野生二棱大麦演化而来。阿伯伊提出了由野生六棱大麦演化为栽培大麦和野生二棱大麦的观点。20 世纪 70 年代，中国某些学者认为栽培大麦起源于野生二棱大麦，经历了由野生二棱大麦到野生六棱大麦，再演化成栽培大麦。

◆ 形态特征

大麦根为须根系，次生根因分蘖多少而定，入土较浅，根量较少，抗倒性不如小麦。株高 60～150 厘米，茎秆伸长节间 4～7 个。叶片较短而宽，叶色稍淡。叶耳较大，无茸毛，呈半月形，紧贴茎秆。穗状花序，穗轴每节着生 3 个小穗，称三联小穗。每个结实小穗仅有 1 朵两性花，由护颖、内稃（内颖）、外稃（外颖）及雌、雄蕊组成。护颖退化成线形。外稃有长芒或钩芒，少数品种无芒。内稃紧贴籽粒腹沟部嵌生退化的小穗轴，称基刺，是鉴别品种的标志之一。颖果纺锤形，成熟时皮大麦籽粒与内、外稃黏合，裸大麦则分离。多为黄色，也有紫、蓝或绿、棕、黑褐等色。胚乳粉质的含淀粉量较高，宜酿制啤酒；胚乳角质的蛋白质含量较高，适于作饲料。根据带稃或裸粒的特征将大麦分为皮大麦和裸大麦。农业生产上所称的大麦一般指皮大麦；裸大麦主要分布于青海、西藏、四川、云南、甘肃等省（自治区），在不同地区有青稞、元麦、米大麦等俗称。

根据小穗发育情况和结实性，栽培大麦可分为多棱大麦、中间型大麦和二棱大麦3个亚种。

多棱大麦。穗轴上每节3个小穗均能结实，其中按小穗排列方式可分为2个类型：六棱大麦，结实小穗与穗轴等距着生，穗横断面呈六角形，穗轴节间较短，着粒密，籽粒小而较整齐，多用以制麦曲；四棱大麦，中间的小穗贴近穗轴，侧小穗彼此靠拢，穗横断面呈四角形，着粒稀，籽粒大小不匀，多用作饲料。

中间型大麦。部分侧小穗能育，可能来源于埃塞俄比亚，尚不多见。

二棱大麦。仅中间1个小穗结实，侧小穗退化，均不结实，穗扁平，籽粒大而饱满，淀粉含量高，供制麦芽、酿造啤酒。

◆ **生长习性**

大麦生育期比小麦短。春大麦生育期为65～140天，冬大麦160～250天。大麦属长日照作物，原产于高纬度地区的品种，对日照反应敏感；原产低纬度的则反应迟钝。冬大麦在中国南方多属春性型，春播能抽穗结实；在北方多属半冬性型，耐寒性不如小麦。

种子发芽的最低温度为0～3℃，最适为18～25℃。主茎叶片数7～17片。主茎叶片与分蘖发生具有同伸关系。幼穗分化开始较早，叶龄在2左右时生长锥伸长；二棱期以后开始分化小穗，每个小穗突起仅分化一朵小花。大麦是典型的自花授粉作物，六棱与二棱大麦穗直立类型的小穗排列紧密，鳞被不发达，多闭颖授粉；四棱与二棱大麦穗下垂的类型，小穗排列稀疏，多开颖授粉，但因花柱短，不伸出颖外，也不易发生天然杂交。授粉后 7 ~ 10 天，籽粒长足时便开始灌浆，以抽穗后 20 ~ 30 天间灌浆最快，到 40 天左右即已成熟。高原地区气温较低，灌浆期相应延长，故粒重较大。耐盐碱力较强，适宜的土壤 pH 为 6 ~ 8。

◆ 繁殖与育种

大麦繁殖以闭颖授粉为主。育种目标为高产、优质、早熟、抗病、耐逆等，饲用大麦还要求籽粒具有较高的蛋白质和赖氨酸含量。

育种方法包括引种、杂交育种、诱变育种、加倍单倍体育种和远缘杂交等。与其他麦类作物相比，大麦育种方法的特点有：①由于大麦是二倍体，染色体数目少，应用理化诱变容易产生突变体，这已在矮化、早熟和抗病育种方面取得较好效果。②利用球茎大麦诱导大麦杂种产生单倍体可以加速育种进程，一般结合常规方法应用。③利用雄性核不育材料与大量品种杂交建立综合杂交群体，进而开展轮回选择，既能保存大量基因资源，又能从中选育新的优良品种。

◆ 栽培管理

选地与整地

中国大麦产区可划分为：①北方春播区。包括东北三省、内蒙古、新疆及山西、河北、陕西、甘肃等省（自治区）的北部，分布较分散，一年一熟。②华北冬春混播区。包括黄淮海平原、陕西中部、甘肃东南部和四川西北部，分布较分散，多为一年二熟或二年三熟；春播在 2 月下旬、

3月上中旬，秋播在9月下旬至10月中旬。③长江中下游冬播区。分布较集中，一年二熟或三熟。④南方冬播区。包括云贵高原和华南地区，分布较分散，一年二熟或三熟。⑤青藏高原裸大麦区。基本上春播，一年一熟。

土壤条件要求耕层疏松深厚，喜排水良好的沙质壤土，忌潮湿与高温。北方地区需保墒防旱，适于播种；南方地区宜筑深沟高畦，以利排水。

田间管理

根据各生长阶段的不同要求及环境条件的变化进行。防除阔叶杂草，在分蘖期每公顷采用72%的2,4-D丁酯乳油兑水喷洒；防除野燕麦等禾本科杂草，可在杂草的1～2叶期每公顷采用15%燕麦灵乳剂兑水喷雾。大麦分蘖发生和幼穗发育均早而快，因此要及时供给养分。一般亩产100千克大麦约需氮3千克、磷1千克、钾2千克。冬大麦的播种期以平均地温达18～20℃时为宜；入冬前有40～50天的生育期，有利于形成壮蘖。一般华北地区在10月上旬到中旬，长江流域在11月初播种完毕。苗期需水较少，以保持最大土壤田间持水量的60%～70%为宜；但拔节、孕穗期间需水多，田间持水量可达最大田间持水量的70%～80%；抽穗后需水量渐减，灌浆成熟期喜少雨晴朗天气，田间持水量以最大田间持水量的70%左右为宜。主要病虫害有黄花叶病、条纹病、根腐病、散黑穗病、坚黑穗病、白粉病等。常见害虫有麦蚜、麦蛾，以及黏虫、蝼蛄、地老虎等。

采收与加工

大麦穗轴脆硬，易折断落粒，故须适期收割。食用、饲用大麦宜在蜡熟后期收割。啤酒大麦在完熟初期收获后及时脱粒、晒干，可使籽粒色泽正常，发芽率高。留种田则应于完熟期收获。

◆ **用途**

大麦籽粒含淀粉 46% ～ 66%、粗蛋白质 11%、脂肪 2%、纤维 5%、灰分 3%，并富含各种维生素，如烟酸、核黄素、硫胺素等。胚乳含淀粉量较高，宜酿制啤酒，胚乳角质的蛋白质含量较高，可消化蛋白质和赖氨酸、缬氨酸等 8 种必需氨基酸的含量均较高。

主要用作饲料，饲用价值相当于玉米。猪的肥育后期掺喂大麦，可提高瘦肉率。以幼嫩植株作饲草或制成干草作饲料，适口性好，且易消化。少数国家用作粮食。中国藏族人民的主食"糌粑"即用炒熟的青稞磨粉制成。欧美各国常制成大麦片或大麦粉供食用。大麦可制作麦芽，富含淀粉、糖类、多种氨基酸和淀粉酶，主要用以酿制啤酒，1 千克优质大麦约可产啤酒 4 ～ 5 千克。也可制麦芽糖和糊精。酒糟、饴糖渣等大麦加工副产物富含蛋白质和维生素，是较好的饲料。

此外，大麦还可用于制作麦曲、饴糖、酱油、味精以及饼干、麦乳精等。麦芽入药可治消化不良、伤食、积食、胃满腹胀等。焦大麦芽入药，可清暑祛湿、解渴生津。大麦茶是防暑降温的清凉饮料。茎叶可编织草帽辫和各种工艺品，并可用作绿肥。

燕　麦

燕麦是禾本科一属一年生草本作物，是重要的粮食和饲料作物。

◆ **起源与分布**

燕麦属物种众多，分布十分广泛，但其多态性最丰富的地区主要分布于北纬 25°～45°、西经 20°～东经 90°，从加那利群岛延伸到地中海盆地，再从中东地区延伸到喜马拉雅山脉。比较公认的燕麦起源中心有 4 个，即地中海沿岸、伊朗高原、非洲以及中国西部。

燕麦属的物种分类系统沿用 Baum 的分类系统，结合花序形态特征、染色体数目和地理分布将燕麦分为 7 个组，即多年生燕麦组、偏肥燕麦组、耕地燕麦组、软果燕麦组、埃塞俄比亚燕麦组、厚果燕麦组和真燕麦组。若仅按染色体数目分为 3 类共 29 个物种：①二倍体物种 15 个，如沙燕麦、长颖燕麦和偏凸燕麦等。②四倍体物种 8 个，如裂稃燕麦和瓦维洛夫燕麦等。③六倍体物种 6 个，如野燕麦、栽培燕麦、野红燕麦和大粒裸燕麦等。

燕麦主要分布在北半球的温带地区，世界各国种植以栽培燕麦为主，大部分饲用，少量加工食用。中国栽培的燕麦多为大粒裸燕麦，主要分布在华北、西北和西南高寒地区，籽实主要用于食用，秸秆则是优良的饲草，是产区重要的传统粮食作物和饲料作物。据联合国粮食及农业组织（FAO）统计，2019 年全世界燕麦收获面积约 942 万公顷，总产 2310 万吨，俄罗斯的种植面积和总产均居世界首位，爱尔兰单产居世界首位。2019 年，中国燕麦收获面积约 13.5 万公顷，总产 49.5 万吨，主要集中在内蒙古自治区的阴山南北，河北

燕麦

省的坝上、燕山地区，山西省的太行、吕梁山区。在大凉山、小凉山海拔 2000 ～ 3200 米的高山地带也有种植。

◆ 形态特征

燕麦属须根系，根系发达，分为初生根和次生根。初生根在个体发育的初期生长，一般 3 ～ 5 条，集中在土壤表层；次生根主要在出苗后形成，着重于燕麦地下分蘖节上，通常 1 个分蘖长 2 ～ 3 条次生根。茎为圆筒状，光滑无毛，由节间将茎分为若干节，通常含 3 ～ 5 个节间，个别可达 8 个以上。叶为披针形，离散着生于节上，由叶鞘、叶舌、叶关节和叶片组成；叶鞘与茎节相连，并将节间包裹其中；在叶鞘和节的边缘有薄膜状的叶舌，但无叶耳；一般主茎叶片数 5 ～ 8 片。花序着生于茎的顶端，为圆锥状或复总状。穗由主轴、枝梗和小穗组成，有侧散型与周散型 2 种穗型。普通栽培燕麦多为周散型，东方燕麦多为侧散型。每穗一般有 15 ～ 40 个小穗，多的可达 100 个。小穗着生在枝梗的顶端或枝梗节上，由小穗枝梗、2 片护颖和多个小花组成。皮燕麦每小穗 3 个小花，裸燕麦通常有 4 ～ 6 朵小花。小花由 1 片内稃、1 片外稃、3 个雄蕊和 1 个雌蕊组成，外稃大于内稃。籽粒着生于小穗上，包含果皮、种皮、糊粉层、胚乳和胚。除裸燕麦外，籽粒都紧包在内、外稃之间。籽粒千粒重 20 ～ 40 克，皮燕麦稃壳率 25% ～ 40%。

◆ 生长习性

燕麦是长日照作物。喜凉爽湿润，忌高温干燥，生育期间需要积温较低，但不适于寒冷气候。种子在 1 ～ 2℃开始发芽，幼苗能耐短时间的低温，绝对最高温度 25℃以上时光合作用受阻。蒸腾系数 597，在禾谷类作物中仅次于水稻，故干旱高温对燕麦的影响极为显著，这是限制其地理分布的重要原因。对土壤要求不严，能耐 pH 在 5.5 ～ 6.5 的酸性土壤。在灰化土中锌的含量少于 0.2 毫克 / 千克时会严重减产，缺铜则淀粉含量降低。

◆ **繁殖方法**

燕麦为自花传粉作物，异交率低。一般采用种子繁殖。

◆ **育种方法**

燕麦的育种目标主要是选育优质、高产、抗逆性强的裸燕麦品种。常用的方法有引种、选择育种、杂交育种、诱变育种、种间杂交等。①引种。引种在燕麦生产中起过重要作用。②选择育种。系统选择育种简单易行。③杂交育种。杂交育种为各主产国进行品种改良最基本、最有成效的方法。④诱变育种。应用物理、化学诱变对于改进燕麦单一性状，如早熟、矮秆、抗病等也很有成效。⑤种间杂交。采用的方法包括热中子、X 射线、60-γ 射线等，均已成功选育品种。二倍体燕麦通常携有抗病、抗寒、抗旱的基因，但与六倍体杂交其后代往往不育或部分可育，利用四倍体作为桥梁种进行梯级复合杂交和回交可克服这个问题，并促进种间基因的渗透或交换，为燕麦新品种选育开辟了重要途径。

◆ **栽培管理**

播种期因地而异。中国主产区属于旱作农区，通过早秋耕、耙、耱、镇压等办法蓄水保墒极为重要。华北、西北、东北为春播区，生育期 80 ～ 115 天；西南为冬播区，生育期 230 ～ 245 天。

宜选用苜蓿、草木樨、豌豆、蚕豆等豆科作物为前作。土壤瘠薄的地块可连续采取轮歇压青休闲的轮作制。田间管理宜根据各生长阶段的不同要求及环境条件的变化进行，主要有除草、施肥、培土、给排水等。燕麦主要病害有坚黑穗病、散黑穗病和红叶病，局部地区有白粉病、秆锈病、冠锈病和条锈病等。多使用抗病品种及播种前种子消毒、早播、轮作、排除积水等措施预防。燕麦主要的害虫有黏虫、地老虎、麦二叉蚜和金针虫等，可通过深翻地、灭草和喷施药剂防治。

◆ 采收与加工

由于花序中开花时期不同，同一株燕麦成熟期不同，应在穗上部籽粒完全成熟，下部籽粒进入蜡熟期时收获，籽粒晾晒至含水量13.5%以下。

◆ 用途

燕麦营养价值较高，用途广泛。

食用。燕麦营养价值较高，中国裸燕麦粉含蛋白质约15%，脂肪约8.5%。籽粒中含有其他禾谷类作物中缺乏的皂苷，对降低胆固醇、甘油三酯有一定功效，常吃燕麦食品对高血脂症患者有较好的疗效。燕麦片是欧美各国居民的主要早餐食品之一。燕麦粉是制作饼干、糕点、儿童食品的原料。

饲用。秸秆、茎叶柔软多汁，适口性好，蛋白质、脂肪和可消化纤维含量高，是优质饲料。燕麦青饲可提高乳牛产奶量，燕麦籽粒可补饲种畜、病幼畜。皮燕麦稃壳作饲料填充物，可防止雏鸡因营养不良而引起的羽毛脱落。

其他用途。用于制造肥皂和化妆品；用涂有燕麦粉的纸张包装乳制品有防腐作用；绿色燕麦干草可提取叶绿素和胡萝卜素；稃壳中的多缩戊糖是制造糠醛的原料，用于石油化学工业。

莜 麦

莜麦是禾本科燕麦属一年生草本作物。又称裸燕麦。莜麦在中国西北、西南、华北和湖北等省区有栽培，亦野生于山坡路旁、高山草甸及潮湿处。果实可磨面制粉做各种面食，或栽培作牲畜精饲料。

◆ 起源

莜麦起源于中国，是普通栽培燕麦突变产生的。因莜麦与普通栽培燕麦均是六倍体，彼此易杂交，说明亲缘关系很近。从莜麦的地理分布图推断，其起源中心在山西。

◆ 形态特征

莜麦须根外面常具沙套。秆直立，丛生，高 60～100 厘米，通常具 2～4 节。叶鞘松弛，基生者长于节间，常被微毛，鞘缘透明膜质；叶舌透明膜质，长约 3 毫米，顶端钝圆或微齿裂；叶片扁平，质软，长 8～40 厘米，宽 3～16 毫米，微粗糙。圆锥花序疏松开展，长12～20 厘米，分枝纤细，具棱角，刺状粗糙；小穗含 3～6 小花，长2～4 厘米；小穗轴细且坚韧，无毛，常弯曲，第一节间长达 1 厘米；颖草质，边缘透明膜质，两颖近相等，长 15～25 毫米，具 7～11 脉；外稃无毛，草质而较柔软，边缘透明膜质，具 9～11 脉，顶端常 2 裂，第一外稃长 20～25 毫米，基盘无毛，背部无芒或上部 1/4 以上伸出 1 芒，其芒长 1～2 厘米，细弱，直立或反曲；内稃甚短于外稃，长 11～15 毫米，具 2 脊，顶端延伸呈芒尖，脊上具密纤毛；雄蕊 3，花药长约 2 毫米。

颖果长约 8 毫米，与稃体分离。花果期 6～8 月。

莜麦的生长习性、繁殖方法、育种方法、栽培管理、采收与加工及价值与燕麦近似。

甘　薯

甘薯是旋花科甘薯属一年生蔓生或半直立草本植物。又称番薯、山芋、红薯、白薯、白芋、地瓜、阿鹅、红苕、甜薯、山药、玉枕薯、唐薯、朱薯、红山药、甘储、番茹、金薯等。

◆ 起源与分布

甘薯起源于南美洲墨西哥以及从哥伦比亚、厄瓜多尔到秘鲁一带，广泛分布于热带、亚热带地区（主产于北纬 40°以南）。16 世纪末，甘薯从南洋引入中国福建、广东，而后向长江、黄河流域及台湾等地传播，后在中国大多数地区普遍栽培，如黑龙江、辽宁、河北、天津、北京、山西、山东、河南、陕西、江苏、江西、湖南、湖北、四川、重庆、贵州、云南、福建、台湾、广东、广西、海南、香港、澳门等地均有种植。

◆ 形态特征

甘薯的根系分两种：由种子萌发产生种子根，用营养体繁殖产生不定根。不定根发生受到环境影响，可发育成纤维根、梗根和块根 3 种形态。块根是人类食用、加工用的部分。薯皮和薯肉有紫、红、黄、白色。薯形、大小、皮肉颜色等因品种、土壤和栽培条件不同而有差异。块根具有根出芽特性，是育苗繁殖的重要器官。甘薯的茎通常称为蔓或藤。甘薯叶片为单叶，属不完全叶。有掌形、心脏形、三角形等多种形状，叶绿色至紫色，顶叶的颜色为品种特征之一。甘薯聚伞花序腋生。花冠由 5 个花瓣联合，一般为粉红色、白色、淡紫色或紫色；雌雄同花，雄蕊及花柱内藏，有雌蕊 1 枚，雄蕊 5 枚，子房 2 ～ 4 室。甘薯果实为蒴果，球形或扁球形，直径 0.5 ～ 0.7 厘米。每个甘薯蒴果可有种子 1 ～ 4 粒，多数 1 ～ 2 粒，种皮褐色，比较坚硬。

◆ **生长习性**

甘薯的生长过程一般分为发根、分枝、结薯、蔓薯并长和薯块盛长等时期。性喜温，不耐阴和霜冻。适宜栽培于夏季平均气温 22℃以上、年平均气温 10℃以上、全生育期有效积温 3000℃·日以上、无霜期不短于 120 天的地区。生长的中后期气温由高转低，昼夜温差大，有利于块根累积养分和加速膨大。属喜光的短日照作物，茎叶利用光能的时间长，效率高。茎叶生长期越长，块根积累养分越多。日照延长至 12 ～ 13 小时，能促进块根形成和加速光合产物的运转。开花习性随品种和生长条件而不同，有的品种容易开花，有的品种在气候干旱时会开花，在气温高、日照短的地区常见开花，温度较低的地区很少开花。属于异花授粉作物，自花授粉常不结实，因此有时只见开花不见结果。甘薯根系发达，较耐旱。土壤水分以最大田间持水量的 60% ～ 80% 为宜，田间持水量小于最大田间持水量的 50% 时，会影响

甘薯脱毒苗

前期发根长苗。生长期降水量以 400 ~ 450 毫米为宜。收获前 2 个月内水量宜少，此期若遭受涝害，产量、品质都受影响。甘薯要求土壤结构良好、耕作层厚 20 ~ 30 厘米、透气排水好、pH 为 4.2 ~ 8.3 的壤土和沙壤土。需钾最多，其次为氮，再次为磷。

◆ **繁殖方法**

生产上主要用块根、茎蔓等营养体进行无性繁殖。基本方法是将块根发生的薯苗扦插于田间，再从田间茎蔓剪取茎段插植于留种田，从留种田收获块根，比从薯苗插植的田间直接留种较少发生病害。南方还可从覆盖越冬的田间茎蔓上剪取茎段进行扦插。也可采用茎尖组织培养的方法获得脱毒苗，在防虫温室条件下繁殖脱毒苗供生产上使用。

◆ **育种方法**

甘薯品种选育方法仍以杂交育种为主，主要有 3 种：①定向组合杂交育种法。即精心选择亲本，定向配制组合，进行人工杂交和后代选择的传统育种方法。②放任授粉育种法。是将诱导开花的亲本放在自然条件下任其自然杂交。③通过集团杂交方法。即选定特定品种为母本，选择若干品种组成父本群体，经人工混合授粉方法进行杂交。

◆ **栽培管理**

甘薯耐瘠薄，对土壤要求不严格，以土层深厚疏松，排水良好，含有机质较多，具有一定肥力的壤土或沙壤土为宜，对土壤酸碱度要求也不严格，pH 在 4.5 ~ 8.5 内均可，以 5 ~ 7 较为适宜。深耕是甘薯获得高产的基础。一般在秧苗移栽后 7 天内喷洒适宜的除草剂，于晴天上午露水干后喷洒垄面，尽量勿使药液与茎叶接触，以防产生药害；待秧苗返青后,可适时结合中耕进行除草。北方一般基肥重施农家肥,并配合适量含氮化肥,使生长前期以氮素代谢为主,后期以碳代谢为主。黄淮流域缺磷地区宜穴施或在中后期喷施磷酸二氢钾。南方薯区高温多雨,强调多次追肥,如栽种后追施提苗肥,分枝结薯期追施结薯肥,茎叶盛长期追施催薯肥,后期进行根外追肥等。移栽秧苗返青后,适时进行中耕培土两三次。一般在雨后或灌水后及时中耕,最后一次中耕时要进行修沟培垄。生长前期当土壤相对含水量在 60% 以下时,需进行灌水。生长中期当土壤含水量在 80% 以上时,应及时排水。生长后期若有旱情,当土壤含水量在 55% 时,需进行灌水以防止茎叶早衰;如遇涝灾,应迅速排水。

甘薯病虫害较多,北方以黑斑病、线虫病、根腐病为主;南方以薯瘟、疮痂病为主;储藏期以软腐病为主。主要害虫有甘薯小象虫和薯类蛾及蝼蛄、地老虎、金针虫等。应注意选用抗病虫品种,加强种薯、种苗处理,实行轮作倒茬和药剂防治。

◆ 采收与加工

收获的早迟和作业质量与薯块产量、干率、安全储藏和加工等都有密切关系。甘薯块根是无性营养体,没有明显的成熟期,一般在当地半均气温降到 12 ~ 15℃,在晴天土壤湿度较低时,抓紧进行收获。薯块应随时入窖,有的地区应及时切晒加工。不论用机械还是人工刨挖,都要减少漏收,避免破伤薯块。

甘薯可制作粉丝、糕点、果酱等食品。工业上将提取的甘薯淀粉广泛用于纺织、造纸、医药等。甘薯淀粉的水解产品有糊精、饴糖、果糖、葡萄糖等。酿造工业用曲霉菌发酵使淀粉糖化，生产酒精、白酒、柠檬酸、乳酸、味精、丁醇、丙酮等。根、茎、叶可加工成营养价值很高的青饲料或发酵饲料，营养成分比一般饲料高三四倍；也可用鲜薯、茎叶、薯干配合其他农副产品制成混合饲料。

◆ 价值

甘薯营养丰富。薯块中含有大量淀粉、糖、蛋白质、脂肪等，其胡萝卜素和维生素 B_1、维生素 B_2、维生素 C 及铁、钙等含量都高于大米和小麦。非洲、亚洲部分国家以此作主食。甘薯属生理碱性食物，与米、面、肉类等生理酸性食物搭配食用，可调节体液，减轻人体代谢负担，有益健康。

马铃薯

马铃薯是茄科茄属一年生直立草本植物。又称土豆、洋芋、阳芋、地蛋、地豆、山药蛋、山药豆、荷兰薯等。

马铃薯广泛分布于温带地区，主要生产国有中国、俄罗斯、印度、乌克兰、美国等。中国是世界马铃薯总产最多的国家，全国各地均有栽培。人工栽培历史最早可追溯到公元前 8000 ～前 5000 年的秘鲁南部地区。16 世纪中期，马铃薯被西班牙殖民者从南美洲带到欧洲。明朝万历（1573 ～ 1620）年间，马铃薯传入中国。

◆ 起源

马铃薯栽培种起源于南美洲的哥伦比亚、秘鲁、玻利维亚安第斯山区及乌拉圭等地，马铃薯野生种起源于北美洲及墨西哥。

◆ **形态特征**

马铃薯的根系分两种，用实生种子种植形成直根系，由主根和侧根组成；用块茎繁殖形成须根系，根据发生的时期、部位和分布状况，又分为芽眼根和匍匐根。

马铃薯的茎分为地上茎和地下茎两部分。地上茎直立，绿色；地下茎包括地下部分的主茎、匍匐茎和块茎。地上茎是由种薯的芽眼或种子的胚轴伸长形成的枝条。地下茎是块茎发芽后埋在土壤中的那段茎，是主茎在地下结薯的部位。匍匐茎是由地下茎节上的腋芽发育而成，其停止生长后顶端膨大形成块茎。块茎是缩短而肥大的变态茎，既是经济产品器官，又是繁殖器官。块茎形状一般呈圆形、长筒形、椭圆形等，皮色有白色、黄色、淡红或紫色等，肉色有白色、黄色、红色、紫色以及不均匀色等。表皮呈光滑、麻皮或网纹。

马铃薯最初发生的几片叶为单叶，以后逐渐长出奇数羽状复叶，小叶常大小相间，叶全缘，先端尖、基部稍不对称，侧脉 6 ～ 8 对。马铃薯为聚伞花序，每个花序有 2 ～ 5 个分枝，每个分枝上有 4 ～ 8 朵花。花有白色、粉色、紫色、蓝色等。雌雄同花，自花授粉。马铃薯果实为浆果，圆形或椭圆形，直径约 15 毫米，果皮为绿色、褐色或紫绿色。果实内含 100 ～ 250 粒种子。马铃薯种子也称实生种子，很小，千粒重为 0.5 ～ 0.6 克，呈扁平卵圆形，淡黄色或暗灰色。刚收获的种子，一般有 6 个月左右休眠期。

◆ **生长习性**

马铃薯利用块茎繁殖生长。种薯在土温 5 ～ 8℃的条件下即可萌发生长，最适宜温度 15 ～ 20℃；适于植株茎叶生长和开花的气温为 16 ～ 22℃；夜间最适于块茎形成的气温为 10 ～ 13℃（土温 16 ～ 18℃），高于 20℃时则形成缓慢。出土和幼苗期在气温降至 -2℃ 即遭冻害。开花和块茎形成期为全生育期中需水量最大的时期，如遇干旱，每亩每次灌水 15 ～ 20 吨是保证高产稳产的关键技术措施。一般在亩产 1330 ～ 1650 千克的情况下，吸收氮 6.65 ～ 11.65 千克、磷 2.8 ～ 3.3 千克和氧化钾 9.3 ～ 15.3 千克。马铃薯能适应多种土壤，但以疏松而富含有机质的黑土（pH 为 5.5 ～ 6.0）最为理想。

◆ 繁殖方法

块茎繁殖。挑选符合品种性状、合格的幼龄或壮龄种薯，进行困种、晒种和催芽。将完成催芽的种薯进行切块，每个切块 50 克左右，带有 2 ～ 3 个芽眼。切块后的种薯用杀菌剂拌种处理。在当地 10 厘米土层温度稳定在 7 ～ 8℃时播种。块茎繁殖倍数约为 10 倍。

马铃薯脱毒苗

脱毒苗繁殖。采用茎尖组织培养的方法获得脱毒苗，在防虫温室条件下繁殖脱毒苗供生产上使用。脱毒苗繁殖倍数高，若周年生产，年繁殖量可达 4^{11}。

◆ 育种方法

马铃薯育种目标是高产、稳产、抗病、耐贮和优质，专用品质好、薯形好、芽眼浅、早熟、高产、抗病、抗逆是重点选择方向。不同栽培区域育种目标各不相同。传统育种技术仍是主要方法，在双亲杂交产生子代的基础上，进行多个无性世代性状评价和选择，培育新品种。亲本选配是关键，育成一个新品种通常需要 10 年左右的时间。

◆ **栽培管理**

选择地势高、土壤疏松肥沃、土层深厚，易于排、灌的地块，沙质壤土质地疏松，透气、保肥、排水、保水性能均好，适于种植马铃薯。前茬以谷子、麦类、玉米等作物，葱、蒜、芹菜、胡萝卜、萝卜等蔬菜为最好，高粱、大豆次之；茄科蔬菜如番茄、茄子、辣椒，以及白菜和甘蓝等，因多与马铃薯有共同病害，不宜作为前茬。马铃薯适于微酸性土壤，碱性土壤中易生疮痂病。严禁选用前茬施用过长残效除草剂的地块。

深耕整地是马铃薯田必备的耕作措施。北方一季作区宜在前作收获后的秋季进行，秋耕利于接纳雨雪、沉实土壤、消灭害虫。采用秋翻、深耕、深翻精细整地或粉垄机械立体旋耕技术，深度达 35～40 厘米；耕翻时可结合施入有机肥。

根据各生长阶段的不同要求及环境条件的变化进行田间管理，主要包括除草、施肥、培土、给排水，以及病虫害防治。

◆ **采收与加工**

当马铃薯植株达到生理成熟即可及时收获；或者在生理成熟之前，根据下茬作物要求，以及市场价格等因素，确定合适收获期。

在收获前 7 天左右灭秧，可采用机械或药剂处理。收获选在晴天进行，土壤湿度以块茎干净不带泥土最佳。根据地块机械或人工采收。

随着人们生活水平的不断提高,马铃薯食品加工发展很快。过去用新鲜马铃薯块茎加工炸片、炸条,现在用全粉成型后炸成片、条、圈、球等食品,不受薯形的限制且制品规格一致,酥脆适口,很受欢迎。加工食品主要有:①油炸非快餐制品,如马铃薯冷冻法式炸条。②非油炸冷冻制品,如马铃薯小饼、马铃薯酱。③快餐制品,如炸马铃薯片。④脱水制品,如马铃薯颗粒、马铃薯薄片、马铃薯全粉。⑤储备食品,如马铃薯罐头。⑥其他制品,如马铃薯去皮块茎。

马铃薯除用于食品加工外,还用于淀粉加工。荷兰马铃薯每公顷平均产量高达 41 吨,每年以 1/3 的马铃薯生产淀粉。其他用马铃薯生产淀粉的国家还有美国、波兰、俄罗斯和日本等。

马铃薯的鲜茎叶通过青贮后,可作为一种多汁饲料。欧洲一些国家曾普遍用马铃薯块茎作饲料,但其中含龙葵碱,须脱毒以免引起牲畜中毒。中国一些地区利用马铃薯茎叶作绿肥,其肥效与紫云英相似。

◆ 价值

马铃薯块茎约含 76.3% 的水分和 23.7% 的干物质,其中包括约 17.5% 的淀粉、0.5% 的糖、1% ~ 2% 的蛋白质和 1% 的无机盐。在一些野生种和近缘栽培种的块茎中,干物质的最高含量可达 36.8%,包括 29.4% 的淀粉和 4.6% 的蛋白质。马铃薯还含有极丰富的维生素 C、B_1、B_2 和 B_6 等。由于营养丰富,故有"地下苹果"之称。

大　豆

大豆是豆科大豆属一年生草本植物。古称菽。

大豆依种皮颜色分别称为黄豆、青豆、黑豆等。种皮黑色、子叶青色的称为黑皮青豆或青仁乌豆,摘鲜豆荚以嫩豆粒作蔬菜用的称为毛豆。大豆的小粒类型,褐色的在中国南方称为泥豆、马料豆,在东北称秣食豆;黑色的称为小黑豆。大豆种子富含蛋白质和油分,可供食用和作油料及饲料,是人类所需植物蛋白的重要来源。在中国、日本、朝鲜、韩国及东南亚一些国家为重要的食物组成部分;在美国、巴西和阿根廷等国也是主要豆类作物。

◆ 起源

当今广泛种植的栽培大豆,是中国人的祖先从野生大豆中通过长期定向选择,不断地向大粒、非蔓生型、熟期适中、含油量高的方向改良驯化而成的。中国有遍生各地的大豆祖先——野大豆。中国山西侯马市出土的 2300 年前的大豆实物,种类大小类似现在广为栽培的大豆。中国大豆首先自中国华北传至朝鲜半岛,而后又自朝鲜半岛引入日本。19世纪 70 年代后引入欧洲试种。1882 年起美国开始试种大豆,并先后从中国和日本等国引入大豆品种资源近万份,为发展大豆生产提供了基础材料。

◆ 形态特征

大豆自地表至 20 厘米左右深处的根部生有根瘤,在根瘤发育良好情况下,根瘤菌可供应大豆需氮量的 1/3 ～ 1/2。主茎一般高 60 ～ 100 厘米,

大豆

节数为 15 ~ 24。豆荚着生在节上，结荚习性可分为无限结荚习性、有限结荚习性、亚有限结荚习性。中国西北与东北地区、美国中部以北地区的大豆多无限结荚习性，中国淮河、长江流域及美国南部和巴西的大豆多有限结荚习性。

野生大豆缠绕茎细，叶为披针形或卵形，豆荚小，种子黑色。但染色体数目与栽培大豆相同。栽培大豆和野生大豆杂交，其后代遗传变异规律与栽培大豆的品种间杂交相似，并出现介于两种大豆间一系列不同进化程度的类型。这都说明栽培大豆是从野生大豆进化来的。

◆ **生长习性**

大豆生长需要充足的阳光。养分要求氮、磷、钾较多，其次为钙、镁、硫，此外还需硼、钼、铜、锌、锰等微量元素。自分枝期起，对氮的吸收与积累随植株的增长而逐步增加，以鼓粒期为最大；对磷的吸收高峰在分枝期与结荚期之间，幼苗到开花期吸磷量虽不大，但对全期生育的影响很大；生育前期吸钾较多，结荚后期达到高峰，鼓粒期吸钾速度明显下降。种子吸水量达到 50% 时才能萌芽，播种时土壤水分必须充分，土壤水分保持最大田间持水量的 75% ~ 90% 时最适于萌芽出苗；自幼苗至分枝期田间持水量为最大田间持水量的 75% ~ 80% 时便能正常生长；开花结荚期和鼓粒期生长迅速，需要大量水分；接近成熟时，已不再需要大量水分。萌芽所需的最低温度为 6 ~ 7℃，12℃以上时萌芽正常，25 ~ 30℃时萌发快且健壮；生育期的适宜温度为 26℃左右，低温会延迟开花成熟，在 10℃以上的年积温低于 1900℃·日的地区，极早熟品种也难以正常成熟。

◆ **繁殖方法**

大豆是典型的自花授粉作物。播种方式以条播为主，行距 60～75 厘米或 30～50 厘米，每亩 1.5 万～2.5 万株，生育期长的品种，在土壤肥力高的条件下生长较高大，播种密度宜小些。

◆ **育种方法**

20 世纪初开始采用现代育种方法进行大豆品种改良，根据育种目标利用纯系选择、杂交、辐射等育种方法。纯系选择育种在一些地区仍是有效的育种法。品种间杂交则为国内外主要育种方法。1959 年以前多用系谱法，也采用混合选择法和混合个体选择法。1959 年，美国根据大豆杂交后代株系间的变异大于株系内的变异的理论，提出"一粒传延代法"处理杂种后代。即每一杂交组合在第二至第四代从每一健壮植株上取一两粒种子混合种植（或摘二三个豆荚，按不同组合混合脱粒种植），至第五代选择大量单株，第六代为株系，进行株系选择。这种方法可以最大限度地保留与大豆产量有关的遗传变异，大大提高第六代选得优良株系的概率，不仅省工并可处理大量材料，还便于冬季加代。中国于 20 世纪 70 年代引入此法，逐步代替了惯用的系谱选择等方法。分子标记辅助选择、转基因育种已在大豆育种中取得突出进展。

◆ **栽培管理**

中国大豆生产主要集中在松花江、辽河平原的中、北部和三江平原地区，京广铁路以东的黄淮平原地区以及长江中下游地区。全国分为 3 个栽培区：①北部春作大豆区。包括东北、内蒙古、陕西、山西北部、河北长城以北和新疆农区，春播秋收，一年一熟。②黄淮海流域夏作大豆区。包括淮河、秦岭以北和一熟大豆区以南及以东的大豆产区，一般在 6 月冬小麦收后播种，10 月上旬收获，一年二熟；偏北地区大豆收后多行冬闲，次年种春季作物，接着种冬小麦，二年三熟。③南方多作大豆区。包括淮河、秦岭以南的广大农区，各地情况不一，春、夏或秋大豆均有，分别与小麦、水稻、油菜、玉米或甘蔗等轮作、套种、间作或混作。

选地与整地

大豆适于在排水良好、长期施用有机肥、土壤 pH 为 6.2 ～ 6.8 的田块种植。在茬口选择上忌重茬和迎茬。中国一般经耕翻细耙后播种，但在黄淮平原麦收后复种大豆地区，常不经耕耙而直接在麦茬地播种。

田间管理

根据各生长阶段的不同要求及环境条件的变化进行。大豆需肥较多，需氮量比相同产量的禾谷类多 4 ～ 5 倍。除施足底肥外，生育前期施磷增花，后期施氮增粒。即播种时深施磷、钾肥，开花后再追氮肥，使大豆得到良好的养分供应。用钼酸铵拌种或于开花期叶面喷施，可促进根瘤发育良好。酸性土壤须施用石灰，并增施磷肥。

病虫害防治

大豆主要病虫害有 20 多种，一般用综合措施防治。①真菌病。有危害叶部的灰斑病、斑枯病、霜霉病和锈病等，其中霜霉病遍及各地；危害根、茎的有疫霉根腐病、菌核病和炭疽病。疫霉根腐病以抗病育种防治，其他靠轮作法防治；危害籽粒的有紫斑病和黑点病，以药剂拌种防治。②细菌病。有斑点病和斑疹病，有的可用抗病育种防治。③病毒病。种类多，中国长江流域和黄淮平原以花叶病毒流行广、为害重。采用无病毒种子、消灭媒介昆虫及抗病育种防治。④大豆胞囊线虫病、根结线虫病。可用合理轮作和抗病育种防治。

主要为害害虫有食心虫、豆荚螟、草地螟、斜纹夜蛾、点蜂缘蝽、豆秆蝇、红蜘蛛和蚜虫等，以药剂防治为主。菟丝子在黄淮平原为害甚烈，采用清选种子、生物防治和轮作防治。

◆ 采收与加工

大豆种子富含蛋白质和油分。豆油含较多的豆油酸，是优质食用油，经氢化可制人造奶油，并是制造油漆、肥皂、油墨、甘油、化妆品等的原料。中国北方有以大豆粉与杂粮粉混合作主食的。以大豆为原料的酱油、豆腐、豆浆、腐乳、腐竹、豆芽等豆制品花色繁多，富含植物蛋白质，是中国、日本、朝鲜和韩国等国的传统副食。用低温脱脂大豆粕经弱碱液处理并用硫酸或盐酸液中和沉淀制成的"分离大豆蛋白"，其蛋白质含量高达90%，可制大豆饮料和香肠等食品的填充料，以增加食味与营养。脱脂大豆粕或"分离大豆蛋白"经挤压加温后，还可制成有肉味并有咀嚼感的"组织大豆蛋白"（蛋白肉），可代替动物肉类制作各种菜肴。豆饼和豆粕还是畜牧业和渔业的重要饲料。

◆ 价值

大豆蛋白质中含有8种人体必需氨基酸，即人体内不能合成而只能依靠从食物中摄取的赖氨酸、蛋氨酸、色氨酸、苯丙氨酸、苏氨酸、亮氨酸、异亮氨酸和缬氨酸，其组成成分均高于谷类食物。如赖氨酸含量高于其他主要谷类食物6～9倍，苏氨酸、异亮氨酸、缬氨酸含量均为其他谷类食物的五六倍。虽然大豆蛋白质组成中有少量阻碍人畜消化利用的胰蛋白酶抑制剂、白球凝集素及造成豆腥气味的醛类物质，但经加热或制成分离蛋白、浓缩蛋白后，这些物质均可除去。粗制大豆油沉淀物中的卵磷脂，被广泛用于食品和医药。

小 豆

小豆是豆科豇豆属一年生草本植物。古名小菽、赤菽。又称红豆、红小豆、赤豆、赤小豆。

世界种植小豆的国家约 24 个，多在亚洲。面积以中国最大，日本、朝鲜半岛次之，故有东亚作物之称。中国小豆种质资源丰富、种类繁多，仅农家种就有 3900 多个。栽培遍及全国，主产区在华北、东北，黄河和长江中下游，以及台湾。名贵品种天津红小豆分布在天津及河北省廊坊地区。

◆ 起源

小豆起源于中国，由中国经朝鲜传入日本，并在日本形成次生中心。在喜马拉雅山区有野生种和半野生种。

◆ 形态特征

小豆圆锥根系，根发达。植株有直立、半蔓生和蔓生等类型；茎多绿色，少数紫色；同一品种夏播比春播株型小，并可由半蔓生型变为直立型。子叶不出土，初生叶对生，次生叶为三出复叶，小叶多为圆形，常有缺刻。总状花序，蝶形花黄色；自花传粉。成熟荚长筒形，无毛，有浅黄、浅褐、深褐、黑、白等色。籽粒矩圆或圆柱形，脐白色，粒色有红、白、杏黄、绿、褐、黑、花斑和花纹等。

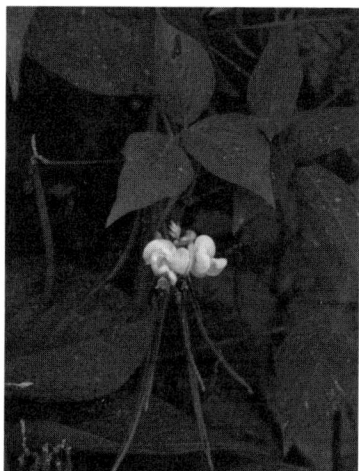

小豆

◆ 生长习性

小豆属短日照作物，喜温耐湿，不耐霜，但适应性较广。14℃以上出苗，20 ～ 30℃开花。冷凉干燥气候有利于小豆成熟，但土壤水分过多易徒长，影响结荚。小豆中熟和晚熟品种对光照反应敏感。小豆对土壤要求不严，适宜 pH 为 6.3 ～ 7.3。

◆ 繁殖方法

小豆播种方式以条播为主，根据品种特性及当地肥水条件而定，种植密度每公顷 15 万～ 30 万株。

◆ 育种方法

小豆主要采用有性杂交育种方法，纯系选择、人工诱变等方法也常应用。

◆ 栽培管理

小豆对土壤要求不严，适宜 pH 为 6.3 ～ 7.3。前期生长缓慢，宜加强田间管理，根据各生长阶段的不同要求及环境条件的变化进行。结荚盛期施少量速效氮肥能显著增产。小豆主要病害有锈病、叶斑病、炭疽病等；主要为害害虫有蚜虫、白粉虱和豆象，入库前须用药剂熏蒸。

◆ 采收与加工

小豆在田间不易裂荚。小豆于 70% 左右的荚成熟时收获。淀粉颗粒较大（20～27 微米），小豆豆沙粒比其他豆沙粒口感好。易强化，富沙性，别具风味，是制作多种主食、糕点、小吃、冷食的优质原料。茎叶蛋白质含量丰富，是优质的饲料和绿肥。

◆ 用途

小豆籽粒含粗蛋白质 21.4%～29.2%、粗脂肪 0.4%～3.6%、碳水化合物 55.9%～61.6%，并含 8 种人体必需的氨基酸和维生素 B_1、B_2，还富含钙、磷、铁等元素。小豆是人们生活中不可多得的高蛋白、低脂肪、多营养、多功能的食品。种子可入药，有除湿和排脓、消肿解毒功效；对水肿、脚气、黄疸、泻痢、便血、痈肿、先兆流产有一定疗效，还可保胎、催乳等。小豆叶子可退热，豆芽能治便血和妊娠胎漏。

豌 豆

豌豆是豆科豌豆属一年生或越年生攀缘草本植物。古称毕豆、留豆。又称青豆、寒豆、小寒豆、淮豆、麻豆、青小豆、留豆、金豆、回回豆、麦豌豆、麦豆、麻累、国豆、软荚豌豆、带荚豌豆、甜豆、荷兰豆、青斑、菜豌豆等。

中国大、中城市郊区种植硬荚豌豆以采收青豌豆作蔬菜为主，也种有软荚豌豆。其他地方种硬荚豌豆以收干豌豆为主。欧美各国自 20 世纪 50 年代后，收干豌豆的栽培面积日渐减少，而速冻、脱水或其他加工用的成熟度一致的青豌豆的生产则逐年增加。

◆ **起源**

豌豆起源于地中海地区和亚洲西部。

◆ **形态特征**

豌豆主根较发达，侧根
细长。茎蔓柔软，表面被白
色蜡粉，光滑无毛，多为蔓生，
长 30 ～ 300 厘米。偶数羽状
复叶，顶端小叶变为卷须，
用以攀缘；复叶基部有两片
大托叶。每一花梗一般着生

豌豆

一二朵蝶形花，花色白、紫或红，紫（红）花豌豆托叶叶腋间有红色斑
点。荚圆筒形或扁圆筒形，每荚含种子 4 ～ 8 粒，有圆、皱、凹圆和扁
圆等不同形状，呈黄白、绿、粉红、褐和黑等色。按株型分为软荚、谷
实、矮生豌豆 3 个变种，或按荚壳内层革质膜的有无和厚薄分为软荚和
硬荚豌豆，也可按花色分为白色和紫（红）色豌豆。

◆ **生长习性及繁殖育种**

豌豆为长日照作物。普通叶豌豆条播行距一般 25 ～ 40 厘米；点
播穴距一般 15 ～ 30 厘米，每穴 2 ～ 4 粒种子。半无叶株型豌豆行距
20 ～ 30 厘米，株距 5 ～ 10 厘米。小白粒和小褐粒硬荚豌约 90 粒 / 米^2；
大粒软荚豌豆最佳播种密度约 60 粒 / 米^2；青豌豆为 80 ～ 100 粒 / 米^2。

豌豆主要采用有性杂交育种方法，纯系选择、人工诱变等方法也常
应用。

◆ 栽培管理

选地与整地

豌豆对土壤要求不严，但以 pH 为 6.5 ～ 8.0、富含钙质的沙壤土和壤土最宜。

田间管理

根据豌豆各生长阶段的不同要求及环境条件的变化进行。豌豆前期生长较慢，须中耕除草。对茎蔓较长的豌豆搭设支架，可提高产量。豌豆每亩播种量 5 ～ 12 千克。根瘤菌可与豌豆共生，播种时用其拌种，既可增产，又可减少化肥用量。重施磷钾肥有利于籽粒饱满。生长期内需水量较多，发芽时需吸收相当于自身重量的水分。开花期为豌豆需水临界期。

病虫害防治

豌豆常见病害有锈病、褐斑病、根腐病、病毒病等。主要为害虫害有潜叶蝇和豌豆象。防治豌豆象的主要措施是收获后及时晒干并用药剂熏蒸。

◆ 采收与加工

豌豆收获期因目的不同而异。作蔬菜的软荚豌豆在荚果膨大初期采收。硬荚豌豆收青豆，在籽粒饱满或荚果开始变黄时采收。收干豆，则以大部分荚果成熟时为宜。豌豆粉可加工为粉丝及其他食品，"豌豆黄"就是中国用豌豆粉制成的一种糕点。青豌豆还可制成罐头食品。籽粒和豆秸为优质饲料，也常专种作绿肥。

◆ 价值

干豌豆籽粒含蛋白质 20% ～ 25%，主要成分为清蛋白和球蛋白。

豌豆具有人体必需的 8 种氨基酸，可用作主食，软荚豌豆主要以嫩荚作蔬菜。嫩荚和青豌豆除含蛋白质外，还富含糖分及维生素 A、维生素 B$_1$、维生素 B$_2$ 和维生素 C，豆苗及嫩梢则富含蛋白质、胡萝卜素和维生素 C，均是优质蔬菜。

高　粱

高粱是禾本科高粱属一年生草本植物。又称蜀黍、秫秫、荻草、荻子、芦穄、芦粟等。高粱是主要粮食和饲料作物之一，也是中国酿造工业的重要原料。

◆ 起源与分布

高粱是古老作物之一。多数学者认为高粱起源于非洲，中国高粱是由非洲经印度传入中国。高粱野生种多数分布在非洲，世界上许多国家栽培的多数粒用高粱也都来源于非洲，中国已发现拟高粱和光高粱两种野生高粱。据考古学家发现，远在西周至西汉时期高粱已在中国广泛分布，至今有 4000 多年的栽培历史。中国的琥珀甜高粱于 1853 年传入美国，曾对那里的糖高粱生产起过重要作用。

高粱是世界五大谷类作物之一，收获面积位于小麦、玉米、水稻、大麦之后。热带和温带地区有 100 多个国家栽培高粱，一般多种植在年降水量 500 毫米以下的地区，年种植面积超过 4200 万公顷，主要分布在非洲、亚洲和美洲，包括苏丹、尼日利亚、印度、尼日尔、美国、马里、布基纳法索、埃塞俄比亚、墨西哥、巴西、阿根廷、喀麦隆、中国、澳大利亚等。苏丹、尼日利亚、印度、尼日尔和美国是世界上高粱种植面积前 5 位的国家，这 5 个国家累计播种面积占世界总种植面积的一半以上。高粱世界平均产量为 1.46 吨 / 公顷，种植面积前 15 位的国家中，产量最高的是中国，其次是美国、阿根廷、墨西哥、巴西。世界高粱总产量超过 6200 万吨，总产量最高的国家是美国，其次是尼日利亚、苏丹、印度和埃塞俄比亚；其中超过 300 万吨的国家有 8 个，超过百万吨的国家有 15 个。中国高粱面积排在世界第 13 位，总产量排世界第 7 位。中国除西藏自治区、香港特别行政区以外，各省（自治区、直辖市）均有种植，但以东北地区（包括黑龙江、吉林、辽宁、内蒙古）的面积最大，约占总种植面积的 50%。

◆ 形态特性

高粱须根系庞大，多集中在耕层。植株高大坚实，茎秆直立，高 0.5 ～ 5.0 米。分蘖节常生有分蘖，其上各节均可生分枝。叶片狭长，一般有 10 ～ 20 片。圆锥花序着生于茎顶，穗紧密或松散。由于主轴和穗分枝的长短以及穗柄（花序梗）的直立或弯曲不同而有多种穗形。穗长从几厘米到几十厘米不等。一般都具无柄和有柄两种小穗，无柄小穗为两性花，可结实。大多数品种无柄小穗内的两朵小花中，下位花退化，也有一些品种两朵花均发育，形成双粒。有柄小穗内为单性花，只有雄蕊，没有雌蕊，大多不能结实，极个别情况有可育子房，能产生较小籽粒。高粱为常异花授粉作物，天然杂交率一般在 0 ～ 25%。籽粒椭圆形、倒卵形或圆形，大小不一，呈红、褐、黄、白等色，一般随种皮中单宁含量的增加，粒色由浅变深。胚乳按结构分为粉质、角质、蜡质、爆粒等类型，按颜色又有白胚乳和黄胚乳之别。

◆ **生长习性**

高粱是喜温作物，生长最适温度为 20～34℃。不同发育时期对温度有不同要求，如发芽时温度偏低（10℃以下）易造成烂种；花粉母细胞减数分裂时低于 13℃，会导致花粉败育；整个生育期间低于 20℃时生长速度变慢。较耐旱，根系能穿过较深的土层吸收水分。叶片和茎秆角质化程度高，并覆盖有蜡质层。水分亏缺时，叶片可纵向向内卷缩，以减少暴露面积。蒸腾系数一般为 227～437，低于玉米、小麦、大麦等作物。气孔对缺水反应敏感，调节功能灵活，严重干旱时呈休眠状态，一旦遇水则能迅速恢复生长发育。成熟期间的高粱，因有完整的通气组织，抗涝能力很强。对土壤的要求不严格，在 pH 为 5～8.5 的土壤上均能良好生长。在瘠薄地或沙岗地种植，产量可高于其他禾谷类作物。由于有较强的再生能力，受雹灾后加强管理，腋芽可发育成分蘖或分枝并结实。

◆ **繁殖方法**

高粱用种子繁殖。

◆ **育种方法**

高粱育种方法经历了农家品种整理、系统育种、杂交育种和杂种优势利用 4 个时期。1954 年，美国高粱专家 J.C. 斯蒂芬斯（J.C.Stephens）等人培育出世界上第一个可在生产中应用的核质互作型高粱雄性不育系 Tx3197A，为高粱杂种优势利用拉开了序幕。两个遗传型不同的雄性不育系与雄性不育恢复系杂交，所得的杂种一代称作高粱杂交种。杂交种具有杂种优势，生长健壮，产量高，抗逆性强，适应性广。利用杂种优势选育杂交种是高粱的主要育种方法。各国应用的主要高粱雄性不育系，其细胞质大多来源于迈罗高粱。20 世纪末，许多国家应用核不育系或细胞质雄性不育系和经济性状优异的品系，经自由异花传粉组成基础群体，通过轮回选择进行高粱育种。美国的高粱种质转化计划成功将高大、晚熟、不适应温带的热带种质转变成矮秆、早熟、有栽培价值、适应温带的类型，扩大了种质利用范围。迄今中国高粱杂交种选育大致经历了 5 个阶段。第一个阶段，从 20 世纪 50 年代末到 70 年代中期，以中国高粱品种作父本恢复系与外引不育系组配高粱杂交种。第二阶段，从 70 年代中期到 70 年代末，是优质育种阶段。根据第一阶段育成杂种高粱品质差的问题，开展了优质育种。第三阶段，从 80 年代初到 90 年代中期，以杂交选育恢复系为主与自选和引进雄性不育系组配杂交种。第四阶段，从 90 年代后期开始，主要应用自选不育系和恢复系组配杂交种。第五阶段，进入 21 世纪，高粱育种逐步向常规育种和分子标记辅助育种相结合方向发展，生物技术和分子标记的介入可大大加快育种进程，同时，更加注重品种的专用性和适宜机械化作业。

◆ **栽培管理**

选地与整地。高粱不宜连作，常与玉米、大豆、粟、小麦轮作，也宜与豆类间作、混作。中国高粱主产区春旱频发，所以最好在前一年秋天进行翻耕，以增加土壤的蓄水能力。可垄作也可平播。

田间管理。根据各生长阶段的不同要求及环境条件的变化进行。

播种。根据不同的栽培目的及不同的气候、栽培条件等选用不同的品种。通过药剂拌种或包衣防治种子带菌及防治苗期地下害虫。适时播种，通常 5 厘米土层温度稳定通过 12℃时播种，播种深度一般为 3 厘米。根据品种特点确定适宜的种植密度，高秆品种，一般每公顷 7.5 万～ 9 万株，中秆品种 10 万～ 12 万株，矮秆品种 13 万～ 16 万株，特矮品种密度可达 30 万株 / 公顷。

除草。分为人工除草与化学除草。人工除草一般结合深耕进行两次除草，当高粱 5 片叶时进行第一次除草，8 ～ 10 片叶时进行第二次除草。化学除草可以在播后苗前或者出苗后喷施除草剂。高粱属于药物敏感型作物，除高粱专用除草剂外，其他除草剂不能随便使用。

施肥。高粱对施肥反应敏感。对氮肥需求量最大，磷肥次之，然后是钾肥。肥料可以一次性施入长效缓释肥，也可以基肥、种肥、追肥的方式分期施入。不同生育阶段对养分需求量不同，拔节至孕穗期间是吸收氮和钾的高峰期，籽粒形成时期是吸收磷素的高峰期。

给排水。高粱耐旱，一般为旱作。但在特别干旱的情况下，应进行灌溉，以确保高粱正常生长。出现涝灾时，及时排水。

病虫害防治。高粱病害主要有丝黑穗病、靶斑病、炭疽病等，为害害虫主要有螟虫、蚜虫、黏虫、地下害虫，可通过选用抗病品种、种子消毒、化学药剂、生物防治及栽培措施等进行综合防治。

◆ 采收

高粱穗下部籽粒达到蜡熟时为高粱的适宜收获期。过早收获，籽粒不充实，产量低。收获过迟，籽粒自然脱落和呼吸消耗，降低产量和品质。高粱收获后经过晾晒或烘干贮藏。

粟

粟是禾本科狗尾草属（或粟属）一年生草本作物。又称谷子、小米、狗尾粟。古农书称粟为粱，糯性粟为秫。甲骨文"禾"即指粟。

粟约占世界小米类作物产量的24%，其中80%栽培在中国，华北（河北省、山西省、内蒙古自治区）为主要产区。1986年中国播种面积为297.99万公顷，产量为454.0万吨。2009～2018年，全国粟种植面积先增后减，从79.6万公顷减至77.8万公顷，减少2.3%；总产量从126万吨提高到234万吨，增加85.7%；单产从1575千克/公顷提高到3015千克/公顷，提高91.4%。2022年中国粟的播种面积为83.98万公顷，总产量261.8万吨。主要作为粮食作物，兼作饲草。中国以外生产粟的主要国家还有印度、日本、法国、俄罗斯、美国、尼日利亚、朝鲜、韩国、澳大利亚等。

◆ 起源

中国是粟的起源地。1926年，N.I.瓦维洛夫以中国具有丰富多样的粟种质为依据，将粟的起源地确定为中国。以后许多学者从细胞学、酶学、DNA分子证据等方面得到证实。中国种粟历史悠久，已有8700年以上。出土粟粒的新石器时代文化遗址如陕西西安半坡村、河北磁山、河南裴李岗等距今已有六七千年。7000年前的瑞士湖畔居民

粟

遗迹中亦发现有粟，但在古代世界文献中粟的记载不多。A.P. 德堪多认为粟是由中国经阿拉伯、小亚细亚、奥地利而西传到欧洲的。N.I. 瓦维洛夫将中国列为粟的起源中心。中国拥有丰富的粟的品种资源。粟的野生种狗尾草在中国遍地皆是，它和粟形态相似，容易相互杂交。

◆ **形态特征**

粟植株的根是须根系，茎基部的节还可生出气生根支持茎秆。粟茎秆圆柱形，高 60～150 厘米，基部数节可生出分蘖，少数品种上部的节能生出分枝。每节一叶，叶片条状披针形，长 10～60 厘米，有明显的中脉。穗状圆锥花序。穗的主轴生出侧枝，因第 1 级侧枝的长短和分布不同而形成不同的穗形。在第 3 级分枝顶部簇生小穗和刺毛（刚毛），这是粟种的特征。每个小穗具花 2 朵，下面的一朵退化，上面的一朵结实。籽粒为颖果，直径 1～3 毫米，千粒重 2～4 克。成熟后稃壳呈白、黄、红、杏黄、褐黄或黑色。包在内外稃中的籽粒俗称谷子，籽粒去稃壳后称为小米，有黄、白、青等色。

◆ **生长习性**

粟以耐干旱和耐瘠薄著称，这与其叶片表皮细胞壁厚，内含大量硅素，叶脉密集，气孔多，根系致密，吸收力强等有关。蒸腾系数平均为 257 左右，低于玉米和高粱。发育前期需水少，中期需水最多，以小花原基分化到花粉母细胞四分体时期对水分最敏感，灌浆期也需一定水分，以后则需水较少。喜温，但生育期短，故对积温要求并不太高，完成生长发育要求的积温在 1600～3000℃·日。发芽适宜温度为 15～25℃，最高 30℃，茎叶生长适宜温度为 22～25℃，籽粒形成期适宜温度为 20 ～ 22℃，低于 20℃则延缓灌浆。粟是短日照作物，对光照长度反应很敏感，尤以生长点分化前后反应最为强烈。富于短光波的日间光和适当缩短日照可促进其发育。

◆ **繁殖方法**

粟为自花受精种子繁殖作物。

◆ **育种方法**

粟是自花受精作物，适于自交作物的育种方法都可用于粟的育种，包括自然变异选择育种方法、杂交育种方法、诱变育种方法、杂交种育种方法等。但在中国，粟育种也有一些特别之处需要注意：①从国外直接引种成效不大。国外品种，一般适应性差，但有许多品种营养成分好，或具有某些抗逆性状，可用作育种亲本。②选择效果显著。从广泛分布的优良地方品种群体中进行单株选择或混合选择都曾经育成了大批的推广品种。③杂交育种要注意假杂种。由于粟花器细小，有性杂交比较困难，而且各种杂交技术都不能保证得到 100% 的真杂种种子，必须在子一代植株群体中认真鉴别、选取真杂种植株用于后续育种材料。常利用遗传显性性状作为标记鉴别真假杂种植株。幼苗叶鞘具有花青素的紫红色对绿色为显性，幼苗叶片绿色对黄绿色为显性，刺毛长对刺毛短为显性，籽粒色深对籽粒色浅为显性或部分显性。如果母本多具显性性状以致子一代未能肯定是真杂种时，还应在子二代淘汰假杂种行（假杂种行性状不分离）。四是粟生育期短，在南方冬播或在温室冬播进行光温处理，均可加速世代，做到一年三代以缩短育种年限。五是粟的繁殖系数大，容易获得足够试验用种，可越级提升，较快完成试验鉴定和选拔过程。

◆ **栽培管理**

粟在春季或夏季播种，生育期 60 ～ 150 天。忌连作，否则易滋生谷莠子（野生种）和蔓延病害。种子细小，出苗后需及时间苗，以培育壮苗并保证适宜密度。在不同地区可分别采取精量播种、机械化簇生栽培及大粒化种子等办法解决间苗问题。中国重视中耕以促进根系发育和增加籽粒饱满度。粟既耐瘠，又能较好地利用肥料。从拔节到穗分化，以及从抽穗到灌浆，是粟整个生育期间吸收肥料的两个高峰时期。粟主要病害有白发病、粒黑粉病、粟瘟病、粟锈病、粟病毒病等，主要为害害虫有粟芒蝇、粟灰螟、粟小缘蝽象和杂食性的黏虫、地下害虫等。与粟相似的谷莠子也是一种粟田有害杂草。

◆ **采收与加工**

粟在蜡熟末期或完熟初期为收获适期。这时籽粒颜色达到本品种正常颜色，种子含水量 20% 左右，胚已发育完全，发芽率最高。此时植株虽保持绿色，但只要籽粒、颖壳全部变黄，就应及时收获。收获过晚茎秆及穗轴干脆易折，并容易落粒，特别是遇到大风容易造成严重损失。如遇到阴雨穗部发霉，影响产量和品质。

粟籽粒（小米）加工用途多样，主要有以下 4 类：①酿造产品。如小米醋、小米黄酒、小米白酒、小米饮料等。②主食化产品。如小米馒头、小米挂面、小米煎饼、小米糕等。③膨化食品和方便食品。如小米锅巴、小米饼干、小米营养粉、小米方便粥、小米方便面等。④高附加值产品。如小米化妆品、小米膳食纤维、小米胚芽油等。

◆ 用途

粟籽粒可蒸饭、熬粥或磨粉制饼，糯性小米可制作糕点和酿酒。小米蛋白质含量为 7.25% ～ 17.5%，赖氨酸含量平均为 2.17%，蛋氨酸含量一般在 3% 以上，还含有维生素 A、B_1、B_2、E 等，可作营养食品。中医学上，小米还可入药。未去稃壳的粟粒是家禽及笼鸟的优质饲料。粟粒的坚硬稃壳具有良好的防潮防虫作用，故不脱稃壳的粟耐贮藏，自古以来被视为积谷的主要粮种。粟茎叶养分接近豆科牧草，蛋白质含量较高，质地柔软，易消化，在中国是大牲畜的重要饲草。粟糠也可喂养猪、鸡。许多国家种粟的主要目的就是作为干草或鲜草供饲用。

珍珠粟

珍珠粟是禾本科黍族狼尾草属一年生草本粮饲兼用作物。在中国又称蜡烛稗、御谷。

◆ 起源与分布

大多数植物学家认为珍珠粟起源于非洲，后经红海传入西亚，又经西亚传入印度。也有人提出珍珠粟的栽培种是从印度传到非洲的。

珍珠粟主要分布在非洲和印度次大陆的热带和亚热带地区，具有很强的抗旱耐瘠性，主要种植于干旱、少雨、土壤瘠薄的干旱、半干旱地区。非洲和印度种植珍珠粟约 26 万平方千米，约占世界粟类谷物产量的一半。在美国、澳大利亚和南美洲，珍珠粟是一种高质量的牧草，在中国只有零星分布。世界上广泛栽培的珍珠粟是染色体数目为 14 的二倍体，具有雌蕊先熟的开花习性，花小，为两性花的异交作物。

在非洲和近东已有数千年的栽培历史。据 W.R. 阿克路德等估算，珍珠粟栽培面积和总产分别占小米类的 46% 和 40% 左右。

◆ 形态特征

珍珠粟是耐旱、耐热、耐瘠、耐盐碱而不耐涝的短日性植物。须根系发达，多分布在 0～40 厘米土层。在第一节的腋芽对面发育成一对根，一直到 4～6 节形成跟环，次生根量很大，有的甚至克入土 5 米。地面 1～8 节都可着生支撑根（气生根），固着能力较强，植株不易倒伏。栽培条件良好时，总分蘖数可达几十个。

珍珠粟

茎为实髓，圆柱形，粗壮（直径 2～3 厘米），茎节间光滑，淡绿色，节部有毛，每节上方有浅的槽沟，腋芽沿着它生长发育。茎表皮坚硬，有的表面有蜡质。茎中部有分枝，多数可结实。株高因品种不同差别很大，一般 1.5～3.0 米，矮的 1 米左右，高的可达 5 米。

叶多为披针形，长 90～110 厘米，宽 5～8 厘米。叶缘有细小的锯齿。叶舌是边缘有毛的薄膜。叶鞘裸露，边缘布满白色纤毛。气孔在叶的两面，数目基本相等。叶的颜色因品种和生长条件的不同而异，从浅黄色、绿色到紫色。

穗为紧密的圆柱形、圆锥形或纺锤形。粗 2～5 厘米，长

15～45 厘米。一些杂种品种，穗长可达 100 厘米。穗轴直立，圆形实心，粗 0.8～0.9 厘米。圆形花序的穗轴周围密生许多小穗，一般 1500 个左右，少者 700 个左右，多者可达 3000 个以上。小穗基部密生着坚硬的刚毛。

珍珠粟的小穗由两个小花组成，一个可育，另一个是不完全花。子房倒卵形，光滑。雌蕊一个，有两个同生的花柱，羽毛状白色柱头。雄蕊 3 个。完全花的外稃和内稃没有包住颖果，因此易脱落。籽粒近似球形、圆锥形或圆柱形，常见者多为灰色、灰褐色，也有紫色和琥珀白色的。珍珠粟千粒重 3 克左右，高的可达 15 克。

珍珠粟的完全花，雌蕊的白色柱头伸出颖外 40～72 小时后，黄褐色的花药才开始伸出颖外。花药纵裂，花粉散出。花序的中部花先开，然后向基部和顶端扩展。开花时间持续 7 天左右。由于珍珠粟开花习性具有雌蕊先熟，雄蕊散出的花粉量又很大，易随风和昆虫传播的特点，所以异花受精的概率较高，自然异交率可达 50%～75%。

◆ 生长习性

珍珠粟的品种生育期类型较多，出苗至成熟需 55～130 天、活动积温为 1100～2600℃·日，可划分为特早熟、早熟、中熟、晚熟和极晚熟 5 个类型。生育期的长短受光温影响特别明显。不同播期、不同地理条件，珍珠粟生育期有较大幅度的变化。珍珠粟种子满足一定的水、温度和空气条件即萌芽。播种至出苗需 4～10 天，其长短受土壤温度影响。在土壤湿润的条件下 2～3 片真叶时开始形成次生根，土壤干旱时长期不能形成次生根。一旦降水或灌溉次生根迅速生长。营养条件良好，4 片真叶开始出现分蘖。一般第 3 叶腋首先分蘖，然后向上下发展。第一次分蘖可能发生第二次分蘖，第二次分蘖还可能产生第三次分蘖。苗期地上部分生长缓慢，出苗后 20 ~ 50 天进入拔节期。拔节前后生长锥进入生殖生长阶段。

珍珠粟结实器官的形成过程，除营养生长期外，划分为 5 个时期：①第一苞原基分化期。以出现第一苞原基为标志。经历时间 2 ~ 4 天，叶龄指数 0.42 ~ 0.44。②花序枝梗系统分化期。经历时间 3 ~ 8 天，叶龄指数 0.5 ~ 0.52。③小穗及小花原基分化期。经历时间 4 ~ 9 天，叶龄指数 0.59 ~ 0.61。④雌雄蕊原基分化期。经历时间 4 ~ 10 天，叶龄指数 0.70 ~ 0.72。⑤花粉分化形成期。由于黍花序的顶部和基部小穗发育进程差别大，同一时间在同一花序上可以观察到小穗发育的几个时期，这是黍穗分化的一个突出特点。拔节后 10 ~ 30 天开始抽穗。抽穗时顶部小花的花粉发育为单核中晚期到双核初期。多数品种顶部小穗出现后 3 ~ 7 天开花。

珍珠粟授粉方式有 3 类：全开稃授粉、半开稃授粉和闭花授粉。多数品种为半开稃授粉。黍的自然异交率一般为 0 ~ 3%，高者可达 20%。花粉几乎一落在柱头上就萌发，授粉 6 天后籽粒明显开始增重。20 ~ 25 天干重达最大值。以后开始失水，35 ~ 40 天失水过程结束，籽粒完全成熟。刚成熟的珍珠粟种子发芽率较低，经过一个不长的后熟过程发芽率才达到正常。

◆ **繁殖方法**

珍珠粟由自由授粉种子繁殖。

◆ 育种方法

印度和西非的珍珠粟育种始于 20 世纪 30 年代早期。东非开始于 20 世纪 50 年代初期。育种初期时采用集团选择法改良开放授粉的地方品种，主要是选择穗较长、籽粒饱满成熟一致的紧实穗，从而提高产量。到 20 世纪 60 年代初期主要推广改良的地方品种。1959 年后，西非的重点是通过降低株高来提高子草比，改良品种的收获指数超过了 30%（地方品种只有 20%），矮化育种提高了单位面积产量。总部设在印度海得拉巴市的国际半干旱热带地区作物研究所（ICRISAT）采用群体轮回选择的方法选育出高产抗病的开放授粉品种。

珍珠粟的另一育种方法是培育杂种一代，利用杂种优势。在印度的自然条件下，不施氮肥，珍珠粟杂交种的生产潜力在 2000 千克 / 公顷。

◆ 栽培管理

非洲种植的珍珠粟约占世界种植量的 50%，其中 90% 以上分布在西非。非洲珍珠粟主要种植在沙质土中，集中种植区年降水量为 200 ～ 800 毫米，平均每公顷产量为 650 千克。

在非洲，珍珠粟通常与高粱、玉米等禾谷类作物间作，或与木豆等豆科作物间作。珍珠粟、木豆间作是西非撒哈拉南部地带广泛采用的种植模式。在 5 月末或 6 月初雨季来临后的第一次降水后，不整地就播种，间作作物在珍珠粟播种后 14 ～ 21 天，第一次除草后再播种。

种植于西非的珍珠粟可分为早熟和晚熟两种类型。早熟类型一般种植于降水较少的北部地区，晚熟类型种植于较湿润的南部地区。一般锄刨坑成簇种植，间距 45 厘米 ×45 厘米至 100 厘米 ×100 厘米，每墩种

40 ～ 100 粒，每公顷 3500 ～ 7000 墩，群体较小，这是由于季节开始时的干旱、沙暴和高土壤温度很难建立合适的群体，管理上也比较粗放。

印度珍珠粟的栽培面积占世界的 40% 以上，是位于小麦、玉米、水稻之后的第四位最重要的粮食作物。尤其是在较为干旱的拉贾斯坦、葛吉拉特、马哈拉施特拉、海尔亚那各邦尤为重要。

种植地区的年降水量分布在 150 ～ 700 毫米，集中于 6 ～ 9 月份，主要种植于轻壤土中。印度种植最多的仍是分蘖较少、植株高大、晚熟低产的地方品种。蓄力耕地后播种，一般使用农肥。采用种子条播机播种或开沟撒播，行距 30 ～ 75 厘米，株距 5 ～ 20 厘米，用重量每公顷 2.5 千克，农田群体一般只用推荐密度（18 万株 / 公顷）的 50% ～ 70%。单作或与鹰嘴豆、绿豆、黑豆、马蚕豆、花生、芝麻等作物间作，在家庭劳力允许的范围内人工除草。管理较粗放。

为害珍珠粟的主要害虫有钻心虫、粟穗螟和穗蟓。对珍珠粟危害较大的病害主要是白发病、麦角病和黑粉病 3 种穗部病害。当前对病虫害的控制主要是采用抗病品种。另外，在非洲和印度次大陆一种根寄生性杂草对珍珠粟的危害也很普遍，对这种寄生杂草还没有很好的控制方法，现采用人工拔除和采用轮作制。

◆ 采收与加工

蜡熟末期或完熟初期为收获适期。这时，籽粒颜色达到本品种正常颜色，种子含水量 20% 左右，胚已发育完全，发芽率最高。此时植株虽保持绿色，但只要籽粒、颖壳全部变黄，就应及时收获。收获过晚茎秆及穗轴干脆易折，并容易落粒，特别是遇到大风容易造成严重损失。

如遇到阴雨穗部发霉，影响产量和品质。

◆ 用途

珍珠粟单籽重 7 ～ 14 毫克，约含 75% 的胚乳，15% 的胚和 10% 麸皮。蛋白质含量约 12%，碳水化合物 70%，脂肪 5%，纤维和灰分 5%，赖氨酸含量每 16 克籽粒氮中 1.5 ～ 3.8 克，在禾谷类作物中其营养价值较高。

传统的珍珠粟食品有未发酵面包、发酵食品、稀（稠）粥，蒸食食品、含酒精和不含酒精的饮料、快餐食品等。珍珠粟经常与小麦、大米、大豆混合食用。

在一些发展中国家和地区，主要以其籽粒作粮食用，将其茎秆作牲畜饲料、燃料或草房的建筑材料。在发达国家和地区，籽粒主要用作家禽和牲畜饲料或填充剂。

黍

黍是禾本科黍属一个一年生草本栽培种。

黍是世界上最古老的具有早熟、耐瘠和耐旱特性的粮食和饲料作物。米粒有粳、糯两类。古代中国人把粳性米粒的称为稷、穄或糜，把糯性米粒的称为黍。现代中国西北地区的人把粳性米粒的称为糜子，把糯性米粒的称为黍子或黏糜子、软糜子；东北或南方部分地区的人把粳性米粒的称为稷子，把糯性米粒的称为黍子、夏小米、黄粟或大粟。

◆ 起源

黍的最早驯化地点，主要有 3 种学说。苏联植物学家 N.I. 瓦维洛夫认为，中国是栽培黍的古代初生基因中心，并得到文献资料、考古发现、野生亲缘种分布以及多样化的种质资源的支持。以博物学家 C.von 林奈为代表的学者，认为黍原产于印度。以丹麦古植物学家 H. 赫尔拜克为代表的学者认为黍原产于北非沿海地区，然后传至印度，再传至中国。他认为黍的野生祖先是 *Panicum callosum*，而这种野生植物又分布在埃塞俄比亚。但是多数学者认为黍的起源尚不清楚。

◆ 分布

黍的分布较广，种植北界是北纬 57°，南界是南回归线。世界播种面积 600 万公顷。主要分布于亚欧两洲。美洲、大洋洲也有少量栽培。种植面积最大的国家是俄罗斯和中国。印度、阿根廷、美国、澳大利亚、日本、伊朗、蒙古、法国、罗马尼亚等国家也有栽培。俄罗斯播种面积 300 万公顷左右，主要分布在南部和东南部干旱和半干旱地区。中国播种面积 150 万公顷左右，北起黑龙江，南到广东，东起台湾，西至新疆和西藏，都有黍的分布。主产区是山西、河北、内蒙古、甘肃、陕西、宁夏、黑龙江等省（自治区）的干旱和半干旱地区。这些地区年降水量变化大，春旱频繁，黍能适应这些变化，产量稳定。内蒙古自治区鄂尔多斯旱作农区，黍的播种面积占粮食面积的 40% 左右，是当地农牧民的主要食粮。世界平均产量每公顷 750 千克左右。低产的主要原因是：土地贫瘠、耕作粗放、品种退化。黍在半干旱地区当年降水量达 350 ～ 400 毫米时，在有机质含量为 1% 左右的瘠薄土壤上，施用少量的氮磷化肥，每公顷就能达 2250 ～ 3000 千克的产量。

◆ 栽培史

黍在中国栽培的历史已有 7000 余年，这可从《诗经》《氾胜之书》《齐民要术》等古籍记载和考古出土的碳化黍粒得到证明。黍在欧洲的栽培历史也很悠久，5000 年前的"湖上居民时代"遗址发现了黍。日本关于黍的最早文字记载是成书于 9 世纪的《倭名类聚抄》。美国在 18 世纪引入黍，栽培历史不长。

◆ 形态特征

黍的植株包括根、茎、叶、花、种子等部分。初生胚根 1 条，3 ～ 4 叶期长度可达 50 厘米。中胚轴（地中茎）能形成支根。分蘖节处形成次生根，为须根系。根系入土深度 100 厘米左右，扩展范围 100 ～ 150 厘米。茎秆直立，单生或丛生。有效茎一般 1 ～ 3 个，营养条件优越时可以超过 20 个。秆高 60 ～ 150 厘米，中空，秆壁厚，圆柱形。基部 3 ～ 5 节间短，称分蘖节。地上部由 4 ～ 12 节间组成。地上节能够形成分枝。但中国的黍分枝性弱，多在异常情况下才形成。苏联的黍具有适于作牧草栽培的分枝性能强的品种。叶由叶鞘和叶片组成，无叶耳。叶片数一般 7 ～ 16 片。叶舌由许多短而弥的茸毛组成。初生幼叶的叶片长 0.7 ～ 20 厘米，宽不足 1 厘米。以后生长的叶片长宽逐渐增大，最大叶是旗叶下第 2 ～ 4 叶，长度 20 ～ 50 厘米，宽度 1.5 ～ 3.0 厘米。多数叶为长披针形。叶色浅绿色或绿色，有的品种后期由于花青素积累呈紫绿色。叶片的栅状组织和海绵组织发达，甚至细胞间隙有时也充满叶绿体。叶片的气孔小而少，气孔长度约 33 微米，只有小麦、燕麦的一半。每平方厘米气孔数 110 ～ 120 个。茎叶多茸毛，黍和稷没有本质区别。

黍的花序为圆锥花序，主轴直立或弯向一侧。最多可有 5 级分枝。长度 10 ～ 50 厘米。根据花序主轴与分枝的长度、偏角与相对位置，中国划分为 3 种穗型，有的国家划分为 5 种穗型。穗型与生态特性有一定的关联，所以穗型常作为品种分类的基础。但是，穗型具有众多的中间类型。花序依花青素的有无，有紫绿两种颜色。小穗卵状、顶尖、有脊、无刺毛、无芒，长 3 ～ 6 毫米、宽 2 ～ 4 毫米。小穗由膜状的颖片和两朵小花组成。第一颖 5 ～ 7 脉，长度为小穗的 1/2 至 2/3，第二颖 11 ～ 13 脉，与小穗等长。第一小花一般发育不完全，外稃变成膜状，形状、大小与第二颖相似，也称第三颖。第二小花为完全花，由 1 个雌蕊、3 个雄蕊、2 个鳞片和内外稃组成，能够正常结实。还有一类品种，着生 3 朵小花，上部两花结实。

黍籽实卵圆形、长圆形和圆形，为有稃的颖果，习惯上称为种子。稃革质、坚硬、光泽有色。粒色有红、黄、白、褐、条灰等 5 种基色，以及由两种以上基色组成的多种粒色。种子长 2.0 ～ 3.3 毫米、宽 1.5 ～ 2.6 毫米、厚 1.2 ～ 2.1 毫米，千粒重 3 ～ 10 克。皮壳率与粒色有关，以白色为主的占 7% ～ 12%，其他粒色占 15% ～ 23%。去稃后称原米或糙米，米色一般浅黄至深黄色，少数品种白色，个别品种稍带淡褐色。因种子胚乳中淀粉种类不同而划分为粳糯两类。糯米不透明粉质，粳米半透明角质。

◆ **生长习性**

黍的品种生育期类型较多，出苗至成熟需 55 ～ 130 天、活动积温为 1100 ～ 2600℃·日，可划分为特早熟、早熟、中熟、晚熟和极晚熟 5 个类型。生育期的长短受光温影响特别明显。不同播期、不同地理条件，黍的生育期有较大幅度的变化。种子满足一定的水、温度和空气条件即萌芽。播种至出苗需 4 ～ 10 天，其长短受土壤温度影响。在土壤湿润的条件下 2 ～ 3 片真叶时开始形成次生根，土壤干旱时长期不能形成次生根。一旦降水或灌溉次生根迅速生长。营养条件良好，4 片真叶开始出现分蘖。一般第 3 叶腋首先分蘖，然后向上下发展。第一次分蘖可能发生第二次分蘖，第二次分蘖还可能产生第三次分蘖。苗期地上部分生长缓慢，出苗后 20 ～ 50 天进入拔节期。拔节前后生长锥进入生殖生长阶段。

　　黍结实器官的形成过程，除营养生长期外，划分为 5 个时期：①第一苞原基分化期。以出现第一苞原基为标志。经历时间 2 ～ 4 天，叶龄指数 0.42 ～ 0.44。②花序枝梗系统分化期。经历时间 3 ～ 8 天，叶龄指数 0.50 ～ 0.52。③小穗及小花原基分化期。经历时间 4 ～ 9 天，叶龄指数 0.59 ～ 0.61。④雌雄蕊原基分化期。经历时间 4 ～ 10 天，叶龄指数 0.70 ～ 0.72。⑤花粉分化形成期。由于黍花序的顶部和基部小穗发育进程差别大，同一时间在同一花序上可以观察到小穗发育的几个时期，这是黍穗分化的一个突出特点。拔节后 10 ～ 30 天开始抽穗。抽穗时顶部小花的花粉发育为单核中晚期到双核初期。多数品种顶部小穗出现后 3 ～ 7 天开花。

　　黍的授粉方式有 3 类：全开颖授粉、半开颖授粉和闭花授粉。多数品种为半开颖授粉。黍的自然异交率一般为 0 ～ 3%，高者可达 20%。花粉几乎一落在柱头上就萌发，授粉 6 天后籽粒明显开始增重。20 ～ 25 天干重达最大值。以后开始失水，35 ～ 40 天失水过程结束，籽粒完全成熟。黍刚成熟的种子发芽率较低，经过一个不长的后熟过程发芽率才达到正常。

◆ 繁殖方法

黍一般采用自花受精种子繁殖。

◆ 育种方法

黍的育种方法和粟相似。

◆ 栽培管理

黍在春季或夏季播种，生育期 60 ～ 150 天。忌连作，否则易滋生谷莠子（野生种）和蔓延病害。种子细小，出苗后需及时间苗，以培育壮苗并保证适宜密度。在不同地区可分别采取精量播种、机械化簇生栽培及大粒化种子等办法解决间苗问题。中国重视中耕以促进根系发育和增加籽粒饱满度。黍既耐瘠，又能较好地利用肥料。从拔节到穗分化，以及从抽穗到灌浆，是黍整个生育期间吸收肥料的两个高峰时期。

黍主要病害有黑穗病、红叶病、细菌性条斑病、黑变病等；主要为害害虫有地下害虫、蛀茎害虫、食叶害虫、吸液和花器害虫，每类害虫中又有多种害虫危害植株。根据虫害种类，在抓好重点防治的基础上，进行以农业防治措施为主的综合防治。主要防治措施如下：①重视检疫工作，预防糜子吸浆虫传入无虫区。②合理轮作防治某些虫害。③播前除净杂草，减轻地老虎危害。④采用辛硫磷等高效低毒农药防治地下害虫。⑤抽穗期用高效低毒农药防治花器害虫。

◆ 采收与加工

蜡熟末期或完熟初期为黍的收获适期。这时，籽粒颜色达到本品种正常颜色，种子含水量 20% 左右，胚已发育完全，发芽率最高。此时植株虽保持绿色，但只要籽粒、颖壳全部变黄，就应及时收获。收获过晚茎秆及穗轴干脆易折，并容易落粒，特别是遇到大风容易造成严重损失。如遇到阴雨穗部发霉，影响产量和品质。

谷子加工用途多样，加工用量约占产量的 15%。①加工酿造产品。如小米醋、小米黄酒、小米白酒、小米饮料等。②加工主食化产品。如小米馒头、小米挂面、小米煎饼、小米糕等。③加工膨化食品和方便食品。如小米锅巴、小米饼干、小米营养粉、小米方便粥、小米方便面等。④加工高附加值产品。如小米化妆品、小米膳食纤维、小米胚芽油等。

◆ 用途

黍籽粒可蒸饭、熬粥或磨粉制饼，糯性小米可制作糕点和酿酒。小米蛋白质含量为 7.25% ~ 17.5%，赖氨酸含量平均为 2.17%，蛋氨酸含量一般在 3% 以上，还含有维生素 A、B_1、B_2、E 等，可作营养食品。中医上，小米还可入药。未去稃壳的黍粒是家禽及笼鸟的优质饲料。黍粒的坚硬稃壳具有良好的防潮防虫作用，故不脱稃壳的粟谷耐贮藏，自古以来被视为积谷的主要粮种。黍茎叶养分接近豆科牧草，蛋白质含量较高，质地柔软，易消化，在中国是大牲畜的重要饲草。黍糠也可喂养猪、鸡。许多国家种黍的主要目的就是作为干草或鲜草供饲用。

第 3 章

蔬菜作物

菠　菜

菠菜是藜科菠菜属一年生或二年生草本植物。又称菠薐、赤根菜、波斯草、波斯菜、菠桳、鹦鹉菜、红根菜、飞龙菜。以叶片及嫩茎供食用。

菠菜原产于伊朗，2000 年前已有栽培。后传到北非，由摩尔人传到西欧的西班牙等国。菠菜种子在唐太宗时期作为贡品从尼泊尔传入中国。

◆ **形态和类型**

菠菜主根发达，肉质根红色，味甜可食。根群主要分布在 25～30 厘米的土壤表层。茎直立，中空，脆弱多汁，不分枝或有少数分枝。叶戟形至卵形，鲜绿色，柔嫩多汁，稍有光泽，全缘或有少数牙齿状裂片；叶簇生，抽薹前叶柄着生于短缩茎盘上，呈莲座状，深绿色。一般 4～5 月抽薹开花，单性花，雌雄异株，也有雌雄同株；雄花呈穗状或圆锥花序，雌花簇生于叶腋。胞果，每果含 1 粒种子，

菠菜

果壳坚硬、革质。

菠菜按果实外苞片的构造可分为有刺种和无刺种两个类型。前者叶片呈戟形，果实（习称种子）外壳有刺，耐寒性较强，对长日照敏感，故抽薹较早；后者叶片肥厚近似卵圆形，果实外壳无刺，耐寒性一般较弱，对长日照不敏感，故抽薹稍迟。由有刺种与无刺种配制的一代杂种具有抗寒、丰产、耐储藏等特性，为越冬栽培的主要品种。

◆ 栽培管理

菠菜属耐寒性长日照植物。对土壤要求不严格，以 pH7 ～ 8 为宜。对氮肥需求较多，磷肥、钾肥次之。春秋两季均可播种，以秋播为主。生长期约 60 天。菠菜抗寒性很强。菠菜生长适宜温度为 15 ～ 20℃，在越冬期间可忍耐 -10℃ 的低温。菠菜耐热性差，如温度超过 21℃，再遇干旱，则生长不良，叶片窄小，品质降低。菠菜对光照条件要求不严格，适宜冬季或早春大棚栽培。留种菠菜通常在秋季播种，次年 6 月采种。菠菜主要病害有霜霉病、病毒病、炭疽病，主要为害害虫有蚜虫、潜叶蝇等。

◆ 用途

菠菜茎叶柔软滑嫩、味美色鲜，含有丰富的维生素 C、胡萝卜素、蛋白质，以及铁、钙、磷等矿物质。除以鲜菜食用外，还可脱水制干和速冻。

冬 瓜

冬瓜是葫芦科冬瓜属一年生攀缘草本植物。又称白瓜、白冬瓜、东瓜。主要以果实供食用。

冬瓜原产于中国南部及东南亚、印度等地。中国从秦汉时的《神农本草经》就有冬瓜的栽培记载。3 世纪初张揖撰《广雅·释草》也有冬瓜的记载。《齐民要术》中记述了冬瓜的栽培及酱渍方法。日本在 9 世纪已有冬瓜的记录。16 世纪印度有冬瓜的记载，截至 20 世纪 80 年代已遍及全印度。欧洲于 16 世纪开始栽培冬瓜，19 世纪由法国传入美国。20 世纪 70 年代以后，冬瓜由中国传入非洲。冬瓜栽培仍以中国、东南亚和印度等地为主。

◆ **形态和类型**

冬瓜主根和侧根发达。茎蔓生，五棱，中空被茸毛。茎蔓各节可发生侧蔓、花芽和卷须。叶柄粗壮，叶片宽大，掌状，5 ～ 7 裂。雌雄异花同株，花单生，个别品种为两性花。瓠果，幼嫩时被有茸毛，成熟时减少，有的还被白色蜡粉。中果皮白色，厚 3 ～ 6 厘米，为可食部分。种子近椭圆形，种皮光滑或有突起边缘，千粒重 50 ～ 100 克。

冬瓜按果实形状可分为扁圆形、短圆筒形和长圆筒形。按果实表皮颜色和蜡粉有无，分为青皮和白皮（粉皮）。按果实大小分为小果型和大果型。小果型冬瓜早熟或较早熟。第一雌花发生节位一般在第 10 节左右，个别品种在第 3 ～ 5 节发生雌花。开花至成熟约需 30 天。每株结果 3 ～ 5 个或更多，多采收嫩果，单果重 2 ～ 5 千克，扁圆、近圆或长圆形，被蜡粉。大果型冬瓜多中熟或晚熟。主蔓一般在 15 节发生第一雌花，以后每隔 5 ～ 6 节发生一个或两个雌花。开花至成熟需 40 ～ 50 天。每株结果 1 ～ 2 个，一般单果重 10 ～ 20 千克甚至 50 千克。采收成熟果。短圆柱形或长圆柱形，果皮青绿色或被白色蜡粉。

节瓜是冬瓜的一个变种。别称毛瓜。主要分布于中国台湾、广东和广西，以广东栽培最多。形态和生长习性与冬瓜相近。茎蔓较细，叶片较小而薄，主蔓和侧蔓均可结瓜。一般开花后 7 ～ 10 天，果重 0.25 ～ 0.5 千克时采收嫩果食用。

◆ **栽培管理**

冬瓜耐热，20 ～ 30℃为生长发育适温，35℃仍生长良好，种子发芽适温为 30℃左右。10℃以下易受冷害。15℃以下坐果率低，果实发育缓慢。对光周期的反应不敏感，日照长短对开花无明显影响。一般在春暖后播种育苗，华南地区也可在秋季栽培。有爬地、搭棚和支架3 种栽培方式。栽培密度因品种、栽培方式及栽培季节

冬瓜支架栽培

而异。一般栽植 300 ～ 500 株 / 亩，支架栽培栽植 700 ～ 800 株 / 亩，节瓜栽植 2000 ～ 3000 株 / 亩。

冬瓜的生长期长，从播种到收获共需 120 ～ 150 天。冬瓜栽培须多施基肥，增施磷肥，结果的前、中期更需要充分施肥。冬瓜主要病害有疫病、炭疽病、白粉病、日灼病等，表面被白粉的果实抗日灼病能力较强。为害冬瓜的害虫主要有蚜虫、瓜亮蓟马等。

◆ **用途**

冬瓜果实含水分 95% ～ 97%、可溶性糖 3% ～ 5%，每 100 克鲜重含维生素 C 12 ～ 18 毫克。味清淡，是盛夏季节深受欢迎的蔬菜。可加

工成冬瓜干、脱水冬瓜、糖冬瓜等。

花椰菜

　　花椰菜是十字花科芸薹属甘蓝种一二年生草本植物。又称花菜、菜花。以花球供食用。花椰菜由野生甘蓝演化而来，演化中心在地中海东部沿岸。20世纪初引进中国。

◆ 形态特征

　　花椰菜高60～90厘米，被粉霜。茎直立，粗壮，有分枝。基生叶及下部叶长圆形至椭圆形，长2～4厘米，灰绿色，顶端圆形，开展，不卷心，全缘或具细牙齿，有时叶片下延，具数个小裂片，并成翅状；叶柄长2～3厘米；茎中上部叶较小且无柄，长圆形至披针形，抱茎。茎顶端有1个由总花梗、花梗和未发育的花芽密集成的乳白色肉质头状体；总状花序顶生及腋生；花淡黄色，后变白色。长角果圆柱形，长3～4厘米，有1中脉，喙下部粗上部细，长10～12毫米。种子宽椭圆形，长近2毫米，棕色。花期4月，果期5月。

花椰菜

◆ 栽培管理

　　按照花椰菜品种特性掌握播种期。一般早熟种6月下旬至7月初播种，中熟种 7 月上旬至 7 月下旬播种，晚熟种 7 月下旬至 8 月下旬播种，春花菜于 11 月播种。选近水源、排水良好、前作未种过十字花科蔬菜、疏松肥沃、病虫少的地块作苗床。浸种 40 分钟左右，置阴凉处催芽露白后播种。用遮阳网等材料搭设凉棚，遮阴避雨，1 片真叶后逐步增加光照。幼苗 3～4 片真叶时假植，行株距 10 厘米×10 厘米。做深沟高畦窄畦，一般畦宽 1 米左右，畦高 30 厘米。幼苗 6～7 片真叶时定植。定植密度为早熟种亩栽 3000 株，中熟种亩栽 2500 株，晚熟种亩栽 2000 株。

花椰菜既不耐涝，又不耐旱，以土壤湿度 70%～80%、空气相对湿度 80%～90% 最宜。花椰菜苗期和花球形成期都要求充足的氮肥，氮肥不足则植株生长衰弱，容易发生早花、小花。此外，还要有一定量的磷、钾肥和必要的钙、硼等微量元素。施足基肥是花椰菜高产的重要环节，一般亩施腐熟有机肥 2000 千克、过磷酸钙 30 千克。早熟品种生长期短，对土壤营养的吸收比中晚熟品种少，但生长迅速，对营养要求迫切，所以早熟品种的基肥应以速效氮肥为主。在土壤硼含量缺乏的地区，基肥中亩施硼肥 1 千克。花椰菜追肥应以速效氮肥为主，配合磷、钾肥，促进花球膨大。一般整个生长过程须追肥 4 次。保护地花菜的养分吸收强度与露地相比，在初花期至采收期明显较高，应特别注意生长后期追肥，以免脱肥而降低产量。

为害花椰菜的害虫主要有小菜蛾、菜青虫、蚜虫、地老虎，可选用杀虫素、乐果、敌杀死、抑太保、乐斯本等药剂防治。花椰菜主要病害有黑腐病、黑斑病、霜霉病，黑腐病可选用农用链霉素或抗菌剂进行防治，黑斑病、霜霉病可用 80% 代森锌，或 70% 甲基托布津，或 75% 百菌清，或 25% 甲霜灵等药剂防治。

◆ **用途**

花椰菜营养丰富，含有蛋白质、脂肪、磷、铁、胡萝卜素、维生素 B_1、维生素 B_2、维生素 C、维生素 A 等，尤以维生素 C 含量丰富（每 100 克含 88 毫克），仅次于辣椒，是蔬菜中含量较高的一种。其质地细嫩，味甘鲜美，容易消化。

韭 菜

韭菜是百合科葱属多年生宿根草本植物。又称韭、起阳草。以叶片、叶鞘供食用。韭菜原产于中国，南北山区多有野生，是一种栽培历史悠久的古老蔬菜。在中国南北各地普遍栽培。

◆ **形态特征**

韭菜根系为纤维状须根，播种当年着生在根茎茎盘基部，第二年起着生在根茎茎盘周围及其一侧。根茎呈葫芦状，长在土中，是贮藏养料的器官，其顶端的生长点在播种当年即可发生分蘖。以后随着分蘖的增加，根茎每年向地表不断

韭菜

伸长，新须根的着生部位也不断升高，而原有旧根则不断枯死，出现"跳根"现象，使根系得以年年更新。收割后可继续生长。叶扁平，带状，叶鞘为闭合状，形成假茎。七八月间抽薹，顶端着生伞形花序。花白色，种子黑色。

◆ 生长习性

韭菜适应环境的能力很强，能耐霜冻和低温。当气温降至 -6 ~ -5℃时，叶仍不凋萎，根和根茎甚至能耐 -40℃低温。生长最适温度为 12 ~ 24℃，温度过高反而会使纤维增加，食用品质变劣。但在温室栽培时，由于光照较弱，湿度较大，即使温度升至 30℃也不影响品质。韭菜的叶绿素形成对光照极为敏感：叶鞘在埋土条件下软化变白，称为"韭白"；在弱光覆盖条件下完全变黄，称为"韭黄"。

◆ 栽培管理

韭菜可用种子或分株繁殖，以播种育苗移栽为主。韭菜耐肥，施足基肥有利增产。第二、三年后每年可进行多次收割，中国南方除夏季外几乎周年都可采收。除露地栽培外，还有囤韭、盖韭及在弱光条件下培养韭黄、韭白等软化产品的栽培方式。

◆ 用途

韭菜一般以叶片、叶鞘供食，但也有专以花茎或肉质化的根供食用的品种。营养成分以胡萝卜素和钙、磷、铁等矿物质为主，纤维素含量也较丰富，是有利于肠胃消化功能的保健蔬菜。中医药学认为韭菜可"安五脏、除胃中热"。种子供药用，性温、味辛甘，功能为温肾阳、强腰膝，主治腰膝酸痛、小便频数、遗尿、带下等症。

茄 子

茄子是茄科茄属一年生草本植物。古称酪酥、昆仑瓜。以幼嫩果实供食用。

茄子原产于东南亚，4～5世纪传入中国，7～8世纪又从中国传入日本。贾思勰著《齐民要术》中有茄子栽培的记载，明《本草纲目》附有茄的插图。中国南北各地均有栽培。茄子在传入中国的同时，向西经波斯（今伊朗）传入阿拉伯及非洲北部，到13世纪才传入欧洲，17世纪又从欧洲传到北美洲，欧美只在低纬度地区有少量栽培。

◆ 形态和类型

茄子植株高1.0～1.3米，茎基部木质，直立，分枝性强，单叶互生。当幼苗长出6～9片叶后着生第一朵花，花萼基部为筒状钟形，先端为5～7深裂，裂片披针形，有刺，花单生或簇生。浆果，球圆、扁圆、长圆、卵圆或长条形；颜色紫红、红、绿或乳白。果皮紫红色是由于果皮细胞中含有飞燕草素及其糖苷，须在曝光下形成。成熟时，果实不论绿色或紫红色，均转为棕黄色。食用部分包括果皮、胎座及"心髓"部分，均由海绵状薄壁组织组成，其细胞间隙较多，组织松软。种子千粒重3.6～4.0克。

栽培的茄子包括3个变种：①圆茄。植株高大，果形大而圆，属华北生态型。②长茄。植株高度中等，果形较小而细长，属华南生态型。③矮茄。植株较矮，果实卵形，皮厚而籽多，但抗性强。

◆ 栽培管理

茄子属喜温作物，较耐高温，结果的适宜温度为25～30℃。中国南北各地多在夏季栽培，但温度高于35℃时也会导致花器发育不良，影响果实生长。以露地栽培为主，长江流域多于冬季至早春在苗床播种育苗，北方各省于早春利用温床或阳畦播种育苗。断霜

茄子花

以后定植到露地。华南可在春末夏秋露地播种育苗。由于茄子的结果期长，除要有充足的基肥外，还要求多次追肥（以氮肥为主，适当增施磷肥、钾肥）。茄子果实宜在幼嫩时采收，过熟时不但营养下降，而且果皮变厚，种子发育变硬，不适于食用。

◆ 用途

茄子果实含较多的蛋白质及矿物质，富含维生素P，紫色品种富含花青素等，具有预防心血管疾病和抗氧化的保健功效。果内组织中含有生物碱，使其带涩味，不宜生吃。除作蔬菜煮食外，茄子也可制成茄干、茄酱或腌渍茄。

竹　笋

竹笋是竹的幼芽。又称笋。竹是禾本科多年生常绿植物，约有6属21个种的种群能形成食用笋。竹原产于中国，喜温怕冷，南方竹林茂盛，北方竹林稀少。食用笋竹主要分布在长江中下游及珠江流域。

◆ **形态特征**

食用部分竹笋是竹子短缩肥大的芽,竹笋外表包坚韧的笋箨(笋壳),内部有柔嫩的笋肉。在出土前笋体生长慢,出土后迅速长高,并展开枝叶成为新竹。竹笋的纵切面可见中部有紧密重叠的横隔,相当于竹秆的节隔,两隔之间就是竹秆的节间。包裹在横隔周围的是肥厚的笋肉,相当于竹茎秆的秆壁。包裹在笋肉外围的竹箨是一种变态叶。

◆ **生长习性**

毛竹生长的最适温度为年均 16 ～ 17℃,夏季平均在 30℃以下,冬季平均在 4℃左右。麻竹和绿竹要求年平均温度在 18 ～ 20℃,1 月平均温度在 10℃以上。慈竹要求年平均温度 16 ～ 18℃,1 月平均温度 2 ～ 4℃。竹的枝叶茂盛,水分蒸腾量大,而根系不深,抗旱力弱,要求较湿润的环境。竹需要土

竹笋

层深厚、土质疏松、肥沃、湿润、排水和通气良好的土壤。土壤 pH 以 4.5 ～ 7 为宜。

◆ **用途**

竹笋中除含有纤维和糖等碳水化合物外,还含有维生素、矿物质和较多蛋白质,特别是富含天冬氨酸,对人体有滋补作用。

洋 葱

洋葱是百合科葱属二至三年生草本植物。又称葱头、圆葱,以鳞茎作蔬菜食用。洋葱起源于亚洲西部阿富汗、伊朗至中亚一带,后传至世界各地。洋葱以美国、日本、印度、俄罗斯、中国栽培最多,西班牙、土耳其、埃及和巴西等国也有种植。

◆ 形态和类型

洋葱株高80～100厘米。根弦状,无主根。茎极度短缩,呈扁平盘状,即鳞茎盘。叶筒状,中空,横切面近长方形,叶面披蜡粉,多层叶鞘相互抱合而成假茎。叶鞘基部随生长而逐渐增厚,形成肉质鳞茎,内生幼芽。花序柄从鳞茎中央抽出,顶端着生球状花序,外包总苞。开花时总苞裂开长出许多小花,聚成伞房花序。

洋葱可分为3个类型:①普通洋葱。每株通常只形成一个鳞茎,用种子繁殖,品种较多。按鳞茎颜色可分为白皮种、红皮种和黄皮种;按其对光照及温度的要求不同,还可分为早熟种、中熟种和晚熟种。②分蘖洋葱。分蘖基部形成一个小鳞茎,通常不结种子,用小鳞茎繁殖。③顶球洋葱。在花序上着生许多气生小鳞茎,不结种子。主要作

洋葱

腌渍用。

◆ **生长习性**

洋葱耐寒，种子和鳞茎可在 3 ～ 5℃低温下缓慢发芽，12℃以上发芽迅速，幼苗生长适温为 12 ～ 20℃，鳞茎膨大适温为 20 ～ 26℃。开花和鳞茎膨大均需较长的光照，但品种之间有很大差别，故又可按鳞茎形成所需日照长短分为短日照型、长日照型和中间型。

◆ **栽培管理**

洋葱一般秋季育苗。中国北方冬前假植于背阴处或埋入菜窖，翌年早春定植。江淮以南地区冬前露地定植。洋葱栽植不宜过深，以埋土至茎盘上为度。当植株下部叶子变黄、颈部变软、上部向下弯曲时即可收获，晾晒收藏。

◆ **用途**

洋葱含有植物杀菌素，以及无机盐、挥发油、糖、蛋白质和维生素等。除以新鲜鳞茎作蔬菜外，也可脱水加工。

西葫芦

西葫芦是葫芦科南瓜属一年生草质藤本植物。又称美洲南瓜、小瓜、菜瓜。以嫩果供食。西葫芦原产于北美洲南部，世界各地均有分布。中国于 19 世纪中叶开始从欧洲引入，南北各地普遍栽培。

◆ **形态和类型**

西葫芦从生长习性上，可分为矮生、半蔓生、蔓生 3 种类型。多数品种主蔓优势明显，侧蔓少而弱。蔓长 0.5 ～ 2.5 米，茎有棱沟，有短刚毛和半透明的糙毛。卷须分多叉，具柔毛。叶质硬，直立，轮廓三角形或卵状三角形，叶面粗糙，有些品种有白斑。花单生，雌雄异花同株。瓠果，形状有圆筒形、椭圆形和长圆

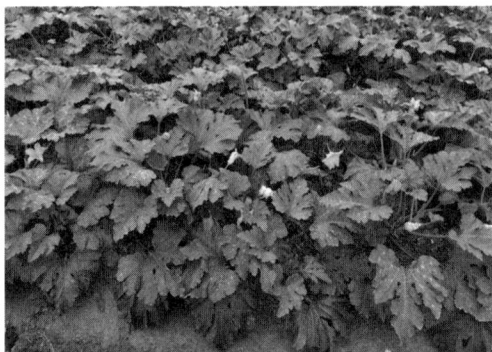
西葫芦

柱形等多种。果面平滑，嫩果白、黄、浅绿至墨绿色或伴有绿色花纹。果梗粗壮，有明显的棱沟。种子扁平，灰白或黄褐色，千粒重 140 克左右。

◆ 生长习性

西葫芦为喜温作物，为瓜类蔬菜中较耐寒而不耐高温的种类。西葫芦种子 13℃开始发芽，适宜发芽温度为 25～30℃；生长期最适温度为 20～25℃，15℃以下生长缓慢，8℃以下停止生长；30℃以上生长缓慢并极易发生疾病。短日照植物，长日照条件下有利于茎叶生长，短日照条件下结瓜期较早。耐弱光，但光照不足时易引起徒长。西葫芦对土壤要求不严格，沙土、壤土、黏土均可栽培，土层深厚的壤土易获高产。西葫芦喜湿润，不耐干旱，特别在结瓜期土壤应保持湿润才能获得高产。高温干旱条件下易发生病毒病，高温高湿易发生白粉病。

◆ 栽培管理

西葫芦在保护地可越冬栽培，一般早春保温设施育苗，苗龄 30～50 天，终霜后定植，也可直播。西葫芦主要采收嫩瓜，开花后 10

天左右即可采收。

◆ 用途

西葫芦含有较多维生素 C、葡萄糖等营养物质，皮薄、肉厚、汁多，可荤可素，可菜可馅。西葫芦具有清热利尿、除烦止渴、润肺止咳、消肿散结的功效。

芥 蓝

芥蓝是十字花科芸薹属一二年生草本植物。又称白花芥蓝。以肥嫩的花薹和嫩茎叶供食用。

L.H. 贝利给芥蓝命名时，只发现了开白花的芥蓝，所以给它命名为白花芥蓝，但实际上有很多品种开黄花。芥蓝原产于中国，主要分布在广东、广西、福建、台湾等南方各地，北方大城市郊区也有栽培。已传入日本、东南亚及欧美、大洋洲等地。

◆ 形态和类型

芥蓝根系浅。茎较短缩、粗壮。叶卵形至广卵圆形，叶面平滑或皱缩，灰绿色，被蜡粉，互生。花薹肉质，总状花序，花白色或黄色。异花授粉。角果。种子近圆形，黑至黑褐色，千粒重 3.5～4 克。

芥蓝按熟性不同可分为早、中、晚熟 3 种类型，按薹的颜色可分为红薹芥蓝和绿薹芥蓝，按食用器官可分为薹用芥蓝、薹叶

芥蓝

兼用芥蓝和叶用芥蓝，按花的颜色可分为白花芥蓝和黄花芥蓝，按叶片形状可分为圆叶芥蓝和尖叶芥蓝，按薹的粗细可分为粗薹芥蓝和细薹芥蓝，按侧薹数量可分为主薹芥蓝和侧薹芥蓝。常用的常规品种为中花芥蓝，常用的杂种一代品种有"顺宝芥蓝""绿宝芥蓝""秋盛芥蓝""华芥一号"等。

◆ 栽培管理

芥蓝喜温和气候，耐热，要求充足光照。不耐旱，较耐肥，适于在湿润、肥沃、富含有机质的壤土种植。芥蓝采用种子繁殖。芥蓝多选择气温在 15 ~ 25℃的季节栽培，夏季和冬季可进行遮阳网覆盖和保护地栽培。早熟种宜在 4 ~ 8 月，中熟种宜在 7 ~ 8 月（中国南方可延至 10 月），晚熟种宜在 10 月至翌年 2 月（中国南方）播种，也可育苗移栽。常有小菜蛾、菜青虫、斜纹夜蛾和黑腐病为害芥蓝。

◆ 用途

芥蓝富含钾、钙和维生素 C、硫苷等营养物质。可炒食、凉拌生食（先用沸水汆烫）。

茼 蒿

茼蒿是菊科茼蒿属一年生或二年生草本植物。又称同蒿、蓬蒿、蒿菜、菊花菜、塘蒿、蒿子秆、蒿子、蓬花菜、桐花菜。以嫩茎、叶供食用。茼蒿原产于中国，南北各地都有栽培。

◆ 形态和类型

茼蒿茎高可达 70 厘米，不分枝或自中上部分枝。叶长而肥厚，全缘或羽状深裂，裂片呈倒披针形，叶缘锯齿状或有深浅不等的缺刻。叶腋分生侧枝。春季抽薹开花，头状花序，黄白色或深黄色。

依叶的大小及缺刻深浅，茼蒿分为大叶茼蒿和小叶茼蒿。大叶茼蒿叶片大而肥厚，缺刻少而浅，呈匙形，绿色，有蜡粉；茎短，节密而粗，淡绿色，质地柔嫩，纤维少，品质好；较耐热，

茼蒿

但耐寒性差，生长慢，成熟略晚；适宜南方地区栽培。小叶茼蒿叶狭小，缺刻多而深，绿色，叶肉较薄，香味浓；茎枝较细，生长快；抗寒性较强，但不太耐热，成熟较早；适宜北方地区栽培。

◆ **栽培管理**

茼蒿性喜冷凉，不耐高温干旱，生长适温为20℃左右，12℃以下生长缓慢，29℃以上生长不良。中国长江流域春、秋两季播种，秋播产量较高。华北地区则因主食嫩茎而多在早春播种，以促进抽薹。华南地区多在秋冬栽培。一般以露地直播为主，也可移栽。有的地区秋季干旱，用发芽和幼苗生长较快的萝卜或小白菜种子与茼蒿混播，可起遮阴作用。茼蒿出苗后，即拔除萝卜和小白菜秧。播种后40～50天即可收获。苗高13厘米左右开始间拔，采收一二次后，可留二叶进行摘梢采收，促其陆续发生新梢。主要病虫害有立枯病、叶斑病、菌核病、菜螟和蚜虫。

◆ **用途**

茼蒿营养丰富，富含维生素、胡萝卜素及多种氨基酸，具有养心安神、稳定情绪、降压护脑、防止记忆力减退、消肿利尿、清肺化痰、预防便秘、促进食欲、去除胆固醇等多种功效。其食用方法多样，如清炒、凉拌、茼蒿炒鸡蛋、茼蒿炖带鱼等。

萝 卜

萝卜是十字花科萝卜属二年生或一年生草本植物。萝卜以根作蔬菜食用。萝卜的原始种起源于欧、亚温暖海岸的野萝卜，是世界古老的栽培作物之一。早在约公元前 2500 年，萝卜就已成为古埃及的重要食品。现中国各地普遍栽培。

◆ **形态特征**

萝卜植株高 20 ～ 100 厘米。直根肉质，长圆形、球形或圆锥形，外皮绿色、白色或红色。茎有分枝，无毛，稍具粉霜。总状花序顶生及腋生，花白色或粉红色，果梗长 1 ～ 1.5 厘米。花期 4 ～ 5 月，果期 5 ～ 6 月。

◆ **分类**

萝卜主要分为中国萝卜和四季萝卜。

中国萝卜

依照生态型和冬性强弱分为 4 个基本类型：①秋冬萝卜类型。中国普遍栽培类型。夏末秋初播种，秋末冬初收获，生长期 60 ～ 100 天，根据皮色和用途可分为红皮、绿色、白皮、绿皮红心等不同的品种群，

代表品种有薛城长红、济南青圆脆、
石家庄白萝卜、北京心里美、澄海
白沙火车头等。②冬春萝卜类型。
中国长江以南及四川等冬季不太寒
冷的地区种植。耐寒，冬性强，不
易糠心。代表品种有成都春不老萝

萝卜

卜、杭州笕桥大红缨萝卜和澄海南畔洲晚萝卜等。③春夏萝卜类型。中
国普遍种植。较耐寒，冬性较强，生长期较短，一般为 45 ～ 60 天，播
种期或栽培管理不当易先期抽薹。代表品种有北京炮竹筒、蓬莱春萝卜、
南京五月红。④夏秋萝卜类型。中国黄河流域以南栽培较多，常作夏、
秋淡季的蔬菜。较耐湿、耐热，生长期 50 ～ 70 天。代表品种有杭州小
钩白、广州蜡烛趸等。

四季萝卜

叶小，叶柄细，茸毛多，肉质根较小而极早熟，适于生食和腌渍。
主要分布在欧洲，尤以欧洲西部栽培普遍，美国等已引入栽培，中国、
日本也有少量种植。中国栽培的四季萝卜品种有南京扬花萝卜、上海小
红萝卜、烟台红丁等。

◆ **生长习性**

萝卜属半耐寒性作物，喜冷凉气候。肉质根遇高温生长不良，但温
度低至 6℃以下时停止膨大，0℃受冻害。要求日照长。春播后如苗期
长期低温，会在肉质根未充分肥大前先期抽薹，失去食用价值。适应各

种土壤,以沙壤土最为适宜。以秋季露地栽培为主。生长前期宜多中耕,少浇水,以控制地上部叶子生长过旺,促进肉质根发育。待肉质根开始膨大,须不断供水保持土壤湿润,使肉质根迅速生长。

◆ 用途

萝卜营养丰富,含碳水化合物和多种维生素,其中维生素 C 的含量比梨高 8 ～ 10 倍,能抑制黑色素合成,阻止脂肪氧化,防止脂肪沉积。含有能诱导人体自身产生干扰素的多种微量元素以及大量的植物蛋白和叶酸,食用后可洁净血液和皮肤,降低胆固醇,维持血管弹性。种子、鲜根、枯根、叶皆可入药。种子消食化痰;鲜根止渴,助消化;枯根利二便;叶治初痢,并预防痢疾。种子还可榨油,供工业用及食用。

莴 苣

莴苣是菊科莴苣属一年生或二年生草本植物。莴苣以绿叶或肉质茎供食用。莴苣原产于地中海沿岸。埃及古墓出土的文物证明,公元前4500 年已有长叶型莴苣栽培。结球莴苣是在地中海一带演变而成,汉代或唐太宗时从西亚传入中国;后演变成茎用莴苣,因其肉质茎肥嫩如笋,故通称莴笋。9 世纪传到日本。现茎用莴苣和叶用莴苣在中国南北各地均有栽培。

◆ 形态和类型

莴苣根垂直直伸。茎直立,单生,上部圆锥状花序分枝,全部茎枝白色。基生叶及下部茎叶大,不分裂,倒披针形、椭圆形或椭圆状倒披针形,长 6 ～ 15 厘米,宽 1.5 ～ 6.5 厘米,顶端急尖、短渐尖或圆形,

无柄，基部心形或箭头状半抱茎，边缘波
状或有细锯齿；向上的叶渐小，与基生叶
及下部茎叶同形或披针形；圆锥花序分枝
下部的叶及圆锥花序分枝上部的叶极小，
卵状心形，无柄，基部心形或箭头状抱茎，
边缘全缘，全部叶两面无毛。叶和茎有淡绿、
绿和紫红等色，叶面平展或皱缩，全缘或
缺刻。圆锥形头状花序，花黄色，自花授粉。

莴苣

莴苣分为叶用和茎用两个类型。叶用莴苣可分为：①结球莴苣。
叶片较大，叶片光滑或微皱缩，生长后期心叶形成叶球，呈圆球形或
扁圆形。②直立莴苣。叶狭长而直立，一般不结球或心叶抱合成圆筒状。
③皱叶莴苣。叶深裂，叶面皱缩，不结球或心叶结成松散叶球。茎用
莴苣叶片较狭，先端尖或圆，幼苗叶片着生于短缩茎上；生长后期茎
伸长、肥大；食用部分由茎和花茎两部分组成。

◆ **栽培管理**

莴苣喜冷凉，较耐寒。种子在4℃时即可发芽，以15～20℃为宜，
30℃以上发芽受阻。多采用育苗移植。叶用莴苣在中国长江流域及其以
北地区以春播和秋播为主，华南地区多在秋冬播种；茎用莴苣主要在春、
秋栽培。病害有霜霉病、软腐病、菌核病等，害虫有蚜虫、蓟马等。

◆ **用途**

莴苣叶、茎组织中乳管分泌的乳状液含有多种有机化合物，如糖、
橡胶物质、有机酸、树脂、甘露醇、蛋白质及莴苣素等。莴苣素有苦味，

具催眠镇痛作用。叶用莴苣多生食；茎用莴苣除鲜食外，还可腌制或干制。

苦 瓜

苦瓜是葫芦科苦瓜属一年生攀缘草本植物。又称凉瓜、锦荔枝、癞瓜。

苦瓜起源于东南亚热带地区，广泛分布于热带、亚热带及温带地区。中国自南宋开始已有 700 多年栽培历史，以南方地区栽培较多，尤其在华南地区，苦瓜是最重要的蔬菜之一。

◆ **形态特征**

苦瓜根系发达。茎蔓性，易生侧蔓，卷须纤细，长达 20 厘米。叶掌状 5 ～ 7 深裂，长、宽均为 4 ～ 12 厘米，光滑无毛。花单性，雌雄异花同株，单生叶腋，花梗纤细，被微柔毛，长 3 ～ 7 厘米，花冠黄色。浆果，纺锤形、短圆锥形或长圆锥形，表面有光泽，并布满条状和瘤状突起。因果肉含有一种糖苷而具苦味。

◆ **生长习性**

苦瓜喜温、耐热，不耐霜冻。种子发芽适温为 30℃，幼苗生长适温为 16 ～ 25℃，开花结果最适温度为 25 ～ 30℃，更高温度下仍能正常生长和开花结果。喜湿，但不耐涝。属短日性植物，但多数品种对日照长短要求不严格。喜光，开花结果期尤需较强光照。

◆ **栽培管理**

中国长江流域一年一茬，华南地区春、夏、秋均可栽培。直播或先行育苗，深沟高畦栽培，畦宽 80 ～ 90 厘米。幼苗 3 ～ 4 片真叶时定植，根据品种特性确定种植密度，一般株距 30 ～ 35 厘米，行距 70 ～ 80 厘米，亩栽 1500 ～ 2500 株。主蔓长到 40 ～ 50 厘米时，及时进行整枝、打杈、吊蔓。高温季节花后 2 周即可采收果实。

◆ **用途**

苦瓜是一种药菜两用植物，嫩果果肉柔嫩、清脆，苦味适中，可炒、煎、烧、焖、蒸、炖或煮汤。用其榨汁，可做成清凉饮料。富含苦瓜多糖、皂苷、多肽、黄酮类化合物等多种活性成分，具有辅助降血糖、降血脂、抗氧化、增强免疫力及预防肥胖等保健功能。

苦瓜

鱼腥草

鱼腥草是三白草科蕺菜属多年生宿根草本植物。又称蕺菜、侧耳根、折耳根、狗贴耳、臭菜。鱼腥草以嫩茎叶作蔬菜或调味品。

鱼腥草广泛分布于亚洲东部和东南部。中国中部、东南至西南部各省区，东起台湾地区，西南至云南、西藏，北达陕西、甘肃等地均有野生分布，生于沟边、溪边或林下湿地。人工栽培主要在长江流域以南，尤其在西南地区栽培较多。全株均可食用，搓碎有鱼腥气味，是一种药食兼用的保健型蔬菜。

◆ **形态特征**

鱼腥草高 20 ～ 50 厘米。茎上部直立，常呈紫红色，下部匍匐，节上轮生小根。单叶互生，心形、卵形或阔卵形，长 4 ～ 10 厘米，宽 2.5 ～ 5

厘米，叶柄细长，基部与托叶合生成鞘状；嫩时绿色，老时微带紫，背面常呈紫红色。穗状花序顶生，白色或黄棕色，长约 2 厘米。雄蕊长于子房，花丝长为花药的 3 倍。蒴果卵圆形，长 2 ～ 3 毫米，顶端有宿存的花柱。

◆ 生长习性

鱼腥草适应温度范围广，地下茎耐寒性强，-5℃可安全越冬，12℃时地下茎开始生长并出苗；生长前期适温 16 ～ 20℃，地下根茎成熟期适温 20 ～ 25℃。阴性植物，怕强光，忌干旱，喜温暖潮湿环境。鱼腥草对土壤要求不严格，以沙质壤土、沙土为宜，在微酸性沙质壤土或腐殖质丰富的土壤条件下生长较好。在长江中下游地区可以正常越冬。

◆ 栽培管理

野生鱼腥草可周年分批采收，春、夏季采摘嫩茎叶，秋冬挖掘地下茎。人工栽培多采用无性繁殖。冬季挖取地下茎，用湿沙分层掩埋越冬；春季发芽前，将种茎剪成 5 ～ 10 厘米长的小段，每段带 2 ～ 3 芽，条栽，开沟深 8 ～ 12 厘米，宽 13 ～ 15 厘米，按 10 厘米 ×30 厘米株行距将茎段平放于沟中，覆土 2 ～ 3 厘米；也可春季即挖即栽。以后每年秋、冬季挖掘地下茎时不要捡净，留下一部分，翌年气温回升时即萌发出苗。及时进行拔草、松土、间苗、追肥等管理，可

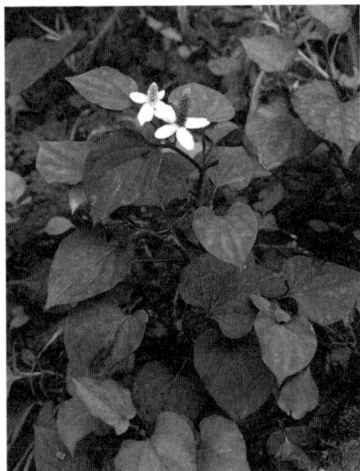

鱼腥草

连续采收多年。

◆ **用途**

鱼腥草常凉拌，地下根茎可炒或炖汤。全株入药，是鱼腥草注射液的主要原料药。有清热、解毒、利水之效，可治肠炎、痢疾、肾炎水肿及乳腺炎、中耳炎等。

豇 豆

豇豆是豆科豇豆属一年生草本植物。又称豆角、带豆、筷豆、蹉。以嫩荚及种子供食用。

豇豆原产于西非，中国和印度是重要次生起源中心。公元前3世纪传入欧洲，广泛分布于世界各地。

◆ **形态和类型**

豇豆根系较发达，具根瘤。茎有矮生、蔓生、半蔓生三种。矮生种茎蔓直立，花芽顶生；蔓生种茎蔓节间较长，生长旺盛，长达3米以上；半蔓生种生长中等，蔓长1～2米，茎蔓均呈左旋性缠绕。基生叶为对生单叶，以后的真叶为三出复叶，互生。总状花序，矮生种花序侧生和顶生，半蔓生和蔓生种花序侧生，花为蝶形花，自花传粉，每花序一般结荚1～2对。荚果有淡绿、深绿、紫红或间有花斑等色，长10～90厘米。种子肾形，红色、黑色或红白、黑白相间。

栽培豇豆有3个亚种：①矮豇豆。属矮生、硬荚类型，荚果小，朝上直立，长7～13厘米，种子很小。②普通豇豆。属半蔓生或蔓生类型，耐旱力和适应性较强，荚果长度在30厘米以内，下垂。③长豇豆。

属蔓生类型，荚果长 30 ～ 90 厘米，下垂，纤维少，肉质肥嫩。

◆ **栽培管理**

豇豆喜温耐热，不耐霜冻，适宜生长温度为 25 ～ 28℃；低于20℃，果荚发育缓慢，易出现弯曲、锈斑；高于 35℃ 易导致受精不良。长豇豆多属日照中性植物，在中国长城以北一年一茬，长江流域可在春、夏栽培，华南则春、夏、秋均可种植；矮豇豆和普通豇豆属短日性，在南北各地均为一年一茬，可与高秆作物间作。豇豆对土壤的适应性广，但以 pH5.0 ～ 7.2 的沙质土及壤土为宜。

豇豆可直播也可育苗移栽，一般情况下，育苗移栽比直播增产25% ～ 35%。播种时，种子覆土厚度为 2 ～ 3 厘米，然后覆盖塑料薄膜小拱棚保温。当第一对真叶露出而未展开时，即可定植到大田。种植密度为每亩 2500 ～ 3500 穴，每穴 3 株。植株长到 25 ～ 35 厘米、5 ～ 6 片叶时，要及时搭架引蔓（矮蔓品种除外）。

长豇豆

豇豆主要病害有花叶病毒病、锈病、煤霉病和疫病等，主要虫害有豆蚜、豇豆荚螟、甜菜夜蛾等。

◆ **用途**

豇豆嫩荚富含蛋白质、矿质元素、氨基酸、维生素 C 等，可作蔬菜食用；干籽粒除含淀粉外，蛋白质含量也很丰富，与米共煮可作主食，或制成豆沙作糕点馅用。茎叶既可作优质饲料，也可作绿肥。

莲 藕

莲藕是莲科多年生水生草本植物。以观花为目的的品种称为花莲，以食用种子为目的的品种称为籽莲，以采食肥大的地下茎为目的的品种称为藕莲。莲藕原产地为中国。

◆ **形态特征**

莲藕根为须状不定根，着生在地下茎节上，束状，每节 5 ～ 8 束，每束有不定根 7 ～ 21 条。根系多分布较浅，长势弱，再生力弱。茎为地下茎，茎的先端为喙状，外包鳞片，由顶芽、幼叶和侧芽组成，称为藕芽。顶芽和侧芽在 10 ～ 20 厘米深处泥土中横向生长，形成莲鞭。幼叶向上延伸，浮出水面，开展成为荷叶。节位上还有分化的花芽，伸出水面为莲花。莲鞭伸长至一定节位，其先端各节膨大成为新藕。主藕一般 3 ～ 5 节，有的可达 7 ～ 8 节。顶端的一节称为藕头，中间几节称为藕身，尾端一节称为藕梢。主藕的侧芽生长膨大为子藕，子藕的侧芽还可膨大为孙藕。茎中有许多通气孔，与根、叶、花相连，形成一个通气系统。莲藕叶称为"荷叶"，为大型单叶。叶柄呈圆柱形，内有 4 大 2 小平行排列的通气道。叶片初始纵卷，以后展开,近圆形,

莲藕

全缘，绿色，上被蜡粉。叶脉的中心与叶柄连接，称为"叶鼻"，是荷叶的通气孔，与叶柄和地下茎中的气道相通。初生叶 1 ～ 2 张，叶柄细弱不能直立，只能沉于水中或浮于水面，沉于水中的称钱荷叶、荷花叶，浮于水面的称浮叶；随后生出的叶，荷梗粗硬，挺立水面上，称为立叶，并愈来愈高，一般高出水面 60 ～ 120 厘米，形成上升阶梯的叶群。当叶群上升至一定高度后，便不再升高。随后发生的叶片一片比一片小，荷梗愈来愈短，便形成下降阶梯的叶群。最后抽生一张最大的立叶，通常称后把叶或大架叶。从后把叶着生的节位开始，地下茎的先端向斜下方向伸长、膨大而结藕。随后在其前方一节上，还要抽生一张明显矮小的立叶，通称终止叶。采挖藕时，将后把叶和终止叶连成一直线，即可判断新藕在地下的位置。花通称荷花，着生于部分较大立叶的茎节位上。莲的果实为聚合果，果实卵圆形或椭圆形，由果皮和种子组成。成熟的种子由种皮和胚组成，无胚乳，胚由 2 片子叶、胚芽、胚轴和胚根四部分组成，自开花至种子成熟需 30 ～ 40 天。

◆ 生长习性

莲藕是喜温作物，适于在炎热多雨季节生长。气温回升到 13℃ 以上，顶芽开始生长。初期生长缓慢，以后气温升高至 25 ～ 30℃，茎叶生长迅速。初期阴雨天气不利于莲藕生长。藕对土质要求不十分严格，但能保水、肥厚的黏质壤土较适宜藕的生长。

◆ 栽培管理

长江流域以南多在 3 ～ 4 月上旬栽种莲藕，北京地区多在 5 月上旬栽种。莲藕主要在沼泽地（塘藕、湖藕）或水田（田藕）栽培。藕种须选择色泽光亮的母藕或充分成熟的子藕。播种方法宜随挖随栽。藕田一般前期保持 5 ～ 6 厘米浅水，以便日照土壤增温促进发芽抽叶；中期水深 15 ～ 16 厘米；后期再放浅水，以利结藕。叶柄与地下茎有通气组织相连，不能折断叶柄，以免进水引起植株腐烂。当荷叶枯萎，即可采收成熟藕。

◆ **用途**

莲藕富含淀粉、蛋白质和多种维生素。鲜藕可煮食、炒食、生食，也可腌渍、速冻或加工，亦可加工成藕粉。莲子依采摘时期不同分为鲜莲子和干莲子。干莲子多用于炖莲汤、煮粥。

胡萝卜

胡萝卜是伞形科胡萝卜属二年生草本植物。又称红萝卜、甘荀。为野胡萝卜的变种，以肉质根作蔬菜食用。

◆ **形态特征**

胡萝卜植株高 15 ～ 120 厘米。茎单生，全体有白色粗硬毛。基生叶薄膜质，长圆形。叶柄长 3 ～ 12 厘米。茎生叶近无柄，有叶鞘。复伞形花序，花序梗长 10 ～ 55 厘米，有糙硬毛。总苞有多数苞片，呈叶状，羽状分裂。伞辐多数，结果时外缘的伞辐向内弯曲。小

胡萝卜

总苞片5～7，线形。花通常白色，有时带淡红色。花柄不等长，长3～10毫米。果实圆卵形，长3～4毫米，宽2毫米，棱上有白色刺毛。花期5～7月。

◆ **栽培管理**

胡萝卜喜冷凉气候，生长适宜温度为15～25℃，喜强光和相对干燥的空气条件。土壤要求干湿交替，水分充沛，疏松、通透、肥沃，具有一定形态质地和养分含量。需要具备灌溉条件且交通方便的地块，注意雨涝地块，玉米、胡麻用过除草剂地块，生荒地块不宜种植胡萝卜。较耐旱，尤其是苗期，30%～50%的土壤含水量能正常生长。需较大的温差和充足全面的养分，以利肉质根的发育，同时保证较高的胡萝卜素、茄红素含量。土壤温度稳定在8℃以上时可播种，15℃以上开始萌芽，最适宜生长温度为日温23～25℃，夜温12～15℃。温差大可使胡萝卜糖度增加，品质优胜。

◆ **用途**

胡萝卜质脆味美、营养丰富，素有"小人参"之称。富含糖类、脂肪、挥发油、胡萝卜素、维生素A、维生素B_1、维生素B_2、花青素、钙、铁等营养成分。每100克胡萝卜中，约含蛋白质0.6克、脂肪0.3克、糖类7.6～8.3克、铁0.6毫克、维生素A 1.35～17.25毫克、维生素B_1 0.02～0.04毫克、维生素B_2 0.04～0.05毫克、维生素C 12毫克、热量150.7千焦，另含果胶、淀粉、无机盐和多种氨基酸。各类品种中，尤以深橘红色胡萝卜含有的胡萝卜素最高。

芫　荽

芫荽是伞形科芫荽属一年生或二年生草本植物。又称胡荽、香菜、香荽。以嫩叶作调料蔬菜食用。芫荽原产于地中海沿岸及中亚地区。汉代张骞出使西域时引入中国，8 ～ 12 世纪传入日本。中国南北地区都有栽培。

◆ **形态特征**

芫荽植株高 20 ～ 100 厘米。根纺锤形，细长，白色，主根较粗大，侧根发生不规则。根生叶长 5 ～ 40 厘米，叶片一或三回羽状全裂，羽片广卵形或扇形半裂，长 1 ～ 2 厘米，宽 1 ～ 1.5 厘米，边缘有钝锯齿、缺刻或深裂；上部的茎生叶三回至多回羽状分裂，末回裂片狭线形，长 5 ～ 10 毫米，宽 0.5 ～ 1 毫米，顶端钝，全缘。伞形花序顶生或与叶对生，花序梗长 2 ～ 8 厘米；伞辐 3 ～ 7，长 1 ～ 2.5 厘米；小总苞片 2 ～ 5，线形，全缘；小伞形花序有孕花 3 ～ 9，花白色或带淡紫色。果实圆球形，背面主棱及相邻的次棱明显；胚乳腹面内凹；油管不明显，或有 1 个位于次棱的下方。

◆ **栽培管理**

芫荽性喜冷凉，能耐 -1 ～ 2℃的低温，但也能耐热。生长适温 17 ～ 20℃，超过 20℃生长缓慢，30℃则停止生长。芫荽对土壤要求不严，但土壤结构好、保肥保水性强、有机质含量高的土壤有利于芫荽生长。长日照能促进芫荽发育，在短日照条件下，芫荽须经月平均气温 13 ～ 14℃以下的较低温度才能抽薹开花，故在日照较短、天气凉爽的秋季（南方是秋末冬初）栽培时，茎、叶的产量高、品质好。中国多数地区以秋播为主，一般是作畦种植。苗高 3 ～ 4 厘米时除草疏苗，保持苗距 5 ～ 8 厘米。出苗后 50 ～ 60 天收获。芫荽主要病害有菌核病、叶枯病、斑枯病、根腐病和白粉病。

◆ 用途

芫荽具特殊香味，是中国生熟菜肴的调味品。营养丰富，含维生素 C、胡萝卜素、维生素 B_1、维生素 B_2 等，其中胡萝卜素含量在蔬菜中名列前茅；含有丰富的矿物质，如钙、铁、磷、镁等；其挥发油含有甘露糖醇、正葵醛、壬醛和芳樟醇等，可开胃醒脾；此外，还含有苹果酸钾等。中医学上以果实入药，有祛风、透疹、健胃及祛痰等功效。种子含油量达 20% ～ 30%，可提炼芳香油。

白 菜

白菜是十字花科芸薹属一、二年生草本植物。白菜以柔嫩的叶球、莲座叶或花茎供食用，是重要的蔬菜。

白菜原产于地中海沿岸和中国，除中国种植面积最大外，日本、朝鲜、韩国及东南亚国家种植较多，欧、美各国也有种植。包括结球和不结球两大类群。由芸薹演变而来。中国人常说的"白菜"指大白菜和普通白菜，分别属于芸薹的两个亚种。古名"菘"，最早见于 4 世纪初晋郭璞的《方言注》。

◆ 形态和类型

白菜根为浅根系，主根粗大，侧根发达，水平分布。营养生长时期茎为短缩茎；生殖生长时期短缩茎顶端抽生花茎，分枝1～3次，花茎淡绿至绿色。除薹用和分蘖类型外，腋芽不发达。叶片有毛或无毛，形态变异丰富，着生于短缩茎或花茎上，叶色黄绿、灰绿、

结球白菜

浅绿至深绿、紫红色等。总状花序，虫媒花，完全花；花萼、花瓣均为4枚，十字形排列；花冠黄白、淡黄至深黄色；4强雄蕊（共6枚雄蕊，其中2枚退化），雌蕊1枚。果实为长角果，成熟时易开裂。种子球形，微扁，有纵凹纹，红褐色至深褐色，少数黄色，无胚乳，千粒重2.0～4.0克。常温下种子使用年限为2～3年。

结球白菜

结球白菜又称大白菜、黄芽菜。根据叶球抱合程度，主要分为4个变种：①散叶变种。叶片披张，不形成叶球。生产上已淘汰。②半结球变种。叶球松散，球顶开放，呈半结球状态。生产上也已淘汰。③花心变种。球叶以褶褶方式抱合成叶球，但叶球顶不闭合，叶片顶端向外翻卷。④结球变种。是结球白菜进化的高级类型，球叶抱合形成坚实的叶球，球顶钝尖或圆，闭合或近于闭合。叶球一般有卵圆型、平头型、直筒型。

不结球白菜

不结球白菜的叶有明显的叶柄，无叶翅。不形成叶球。有5个变

种：①普通白菜。又称小白菜或青菜，据叶柄颜色可分为青梗和白梗两种类型。②塌菜。分为塌地类型和半塌地类型。③菜薹。包括菜心和紫菜薹两个变种。④薹菜。分为圆叶薹菜和花叶薹菜。⑤分蘖白菜。又称多头菜。

◆ **生长习性**

白菜喜凉爽、湿润的气候条件，适宜在水分充足、肥沃的土壤中生长。白菜完成世代交替需要低温通过春化阶段，萌动种子或绿体植株经过一定时期15℃以下的低温通过春化。在长日照及较高温度条件下抽薹、开花，但不同品种对温度和长日照的要求有差异。

◆ **栽培管理**

结球白菜生长适温为12～22℃，高于25℃时生长不良，10℃以下生长缓慢，5℃以下生长停顿，在-7～-5℃的持续低温下受冻害。春、夏、秋季种植所需品种不同。品种类型丰富，从大棵型到小棵型均有。直播或育苗移栽均可。种植密度1500～3000株/亩。一般早熟种比中、晚熟品种稍密。移栽适宜苗龄为15～20天。施肥时有机肥和无机肥配合使用。有机肥和磷肥主要作基肥施入，无机肥和速效有机肥作追肥。生长期追肥3～4次，重点施肥期在莲座末期至结球初期。生长期土壤水分以维持最大田间持水量的80%～90%为宜，收获前几天停止浇水，有利于提高耐贮性。

普通白菜生长适温为15～20℃，较耐寒，-3～-2℃下能安全越冬。普通白菜对低温的感应性因品种而异，春、夏、秋季均有适宜种植的品种。塌菜一般能耐-10～-8℃低温，但耐热性较弱。菜心对温度的适应范围广，在 10 ～ 30℃条件下生长良好；紫菜薹适于在 10 ～ 20℃下生长，要求较强的光照强度。薹菜耐寒性最强，生长适温为 10 ～ 20℃，在 25℃以上的高温及干燥条件下生长衰弱，易发生病害。白菜病害以病毒病、霜霉病和软腐病为害严重，此外还有根肿病、干烧心病、白斑病、黑斑病、黑腐病、炭疽病、菌核病等。主要虫害有蚜虫、菜青虫、小菜蛾、小地老虎等，南方还有黄条跳甲、菜螟等害虫。

◆ 用途

结球白菜以叶球为产品器官，产量高且适于长期贮藏，是中国北方冬季和早春的主要蔬菜之一。结球白菜中含有较多的维生素 C 和钙、磷，还含有少量的胡萝卜素、铁、粗纤维、脂肪、蛋白质等。品质柔嫩，宜于炒食、煮食及生食，并可做馅及加工成酸菜、腌菜等。

普通白菜以绿叶为产品器官，因类型和品种繁多、适应性广、生长期短、高产且省工易种而在蔬菜周年生产供应上具有重要地位。营养丰富，维生素 A、维生素 B、维生素 C 及钙和铁的含量比结球白菜高，鲜食、腌渍皆宜。菜心以菜薹为食用器官，是华南的特产蔬菜，在广东、广西栽培历史悠久，品种资源丰富，一年四季均可栽培。乌塌菜以深绿色叶片为食用器官，主要分布在长江流域，以秋冬季栽培为主；叶片中叶绿素含量较高，较耐低温，遇霜雪后味道更美。薹菜以嫩叶、叶柄、嫩茎和肉质根为食用器官，主要分布在黄淮流域。

黄　瓜

黄瓜是葫芦科甜瓜属一年生蔓性草本植物。又称胡瓜。主要以果实供食用。

黄瓜在汉代张骞出使西域时传入中国，经长期栽培，形成了华北生态型品种群；另由东南沿海传入的，形成了华南生态型品种群。它们又先后由中国传入朝鲜半岛、日本等地。中国是黄瓜的次生起源中心。黄瓜已成为世界各地普遍栽培的重要蔬菜。

◆ 形态和类型

黄瓜根系分布浅，再生能力较弱。茎蔓性，长可达3米以上，有分枝。叶掌状，大而薄，叶缘有细锯齿。花通常为单性，雌雄同株。雄花单生或簇生，一簇花可多至数十朵；雌花一般单生，子房下位，可单性结实。瓠果，长数厘米至70厘米以上。子房多为3心室。嫩果颜色由乳白至深绿，果面光滑或具白、褐或黑色的瘤刺。有的果实含葫芦素而味苦。种子扁平，长椭圆形，种皮浅黄色。千粒重32～40克。

根据黄瓜的分布区域及其生态学性状，可分为5种类型：①南亚型。分布于南亚各地。茎叶粗大，易分枝，果实大，单果重1～5千克，果短圆筒或长圆筒形，皮色浅，瘤稀，刺黑或白色。皮厚，味淡。喜湿热，严格要求短日照。②华南型。分布在中国长江以南及日本各地。茎叶较繁茂，耐湿、热，为短日性植物，果实较小，瘤稀，多黑刺。嫩果绿、绿白、黄白色，味淡；熟果黄褐色，有网纹。③华北型。分布于

黄瓜

中国黄河流域以北及朝鲜、日本等地。植株生长势中等，喜土壤湿润、天气晴朗的自然条件，对日照长短的反应不敏感。嫩果棍棒状，绿色，瘤密，多白刺；熟果黄白色，无网纹。④欧美型。分布于欧洲及北美洲各地。茎叶繁茂，果实圆筒形，中等大小，瘤稀，白刺，味清淡，熟果浅黄或黄褐色，有东欧、北欧、北美等品种群。欧美温室黄瓜分布于英国、荷兰。茎叶繁茂，耐低温弱光，果面光滑，浅绿色，果实长。⑤小型黄瓜。分布于亚洲及欧美各地。植株较矮小，分枝性强。多花多果。

◆ 生长习性

黄瓜喜温暖，不耐寒冷。生育适温为 10～32℃。一般白天 25～32℃，夜间 15～18℃生长最好。最适宜地温为 20～25℃，最低为 15℃左右。最适宜的昼夜温差为 10～15℃。高温 35℃光合作用不良，45℃出现高温障碍，低温 -2～0℃冻死，如果是低温炼苗可承受 3℃的低温。黄瓜对日照长短要求不严格，其光饱和点为 5.5 万勒克斯，光补偿点为 1500 勒克斯，多数品种在 8～11 小时的短日照条件下生长良好。黄瓜产量高，需水量大。适宜土壤湿度为 60%～90%，幼苗期水分不宜过多，土壤湿度 60%～70%，结果期必须供给充足的水分，土壤湿度 80%～90%。适宜的空气相对湿度为 60%～90%，空气相对湿度过大很容易发病，造成减产。黄瓜喜湿而不耐涝、喜肥而不耐肥，宜选择富含有机质的肥沃土壤。适于在 pH5.5～7.2 的土壤种植，但以 pH6.5 最宜。

◆ 栽培管理

黄瓜可四季栽培。多育苗移栽，支架栽培。生长期长，需肥量大，以基肥为主，在生长期间多次追肥。采收分次进行。嫩果一般在雌花开放后 7～15 天采收。每隔 1～2 天采收一次。主要病害有霜霉病、白粉病、枯萎病、疫病、角斑病和炭疽病，主要害虫有棉蚜、红蜘蛛、烟粉虱、黄守瓜和种蝇。

◆ 用途

黄瓜嫩果多作蔬菜食用，可生食，也有老熟瓜炖肉汤用。黄瓜果肉中每 100 克鲜重含维生素 C 约 14 毫克。黄瓜所含蛋白酶有助于人体对蛋白质的消化吸收。黄瓜果实可酸渍或酱渍。酱黄瓜是中国特有的传统佐餐佳品。

菜 豆

菜豆是豆科菜豆属一年生草本植物。又称四季豆、芸豆、芸扁豆、刀豆、敏豆。以嫩荚或豆粒供食用。

菜豆原产于中南美洲，16 世纪末传入中国，后传至日本，广泛分布于世界各地。普通菜豆在中国经过长期选择，其荚果产生了失去荚壁上硬质层、可食用的基因突变，演变成食荚菜豆。因此，中国是菜豆的次生起源中心。中国还是世界上最大的菜豆生产国和消费国。

◆ 形态和类型

菜豆根系较发达，但再生能力较弱。茎蔓生、半蔓生或矮生。初生真叶为对生单叶，以后的真叶为三出复叶，近心形。总状花序腋生，蝶形花，花冠白、黄、淡紫或紫色。荚果长 10～20 厘米，形状直或稍弯曲，横断面圆形或扁圆形，表皮密被绒毛；嫩荚呈深浅不一的绿、

黄、紫红（或有斑纹）等颜
色，成熟时黄白至黄褐色。
种子着生在豆荚内，通常
4～9粒，形状有肾形、长
或短筒形等，颜色有黑、白、
紫、黄等单色和带有条纹的
复色。按茎的生长习性可分

菜豆

为蔓生种、矮生种和半蔓生种；按熟性可分为早熟型、中熟型、晚熟
型品种；按荚果结构可分为硬荚菜豆和软荚菜豆；按用途可分为荚用
种和粒用种。

◆ **栽培管理**

菜豆喜温，不耐霜冻，生长适宜温度为15～25℃，开花结荚适温
为20～25℃，35℃以上高温或15℃以下低温都会降低花粉活力，引起
落花落荚。属短日照植物，多数品种对日照长短的要求不严格，但对光
照强度要求较高，光照充足则光合能力强，开花结荚就多。菜豆忌重茬，
栽培时宜实行2～3年轮作。应选择土层深厚、松软、腐殖质多且排水
良好的土壤栽培，土壤pH以6～7为宜。对肥料的需求以氮、钾肥为主，
磷、钙肥需求相对较少。

菜豆在中国南北方均广泛种植，露地在西北和东北地区为春夏栽培，
在华北、长江流域和华南为春播和秋播。除露地外，还可利用人工保护
设施进行周年生产，均衡供应。播种密度因类型和品种而异，矮生菜豆
亩用种量6～7千克，蔓生或半蔓生菜豆亩用种量4～5千克。直播或

育苗移栽均可，每穴留苗 3 株，蔓生菜豆在幼苗 4～5 片真叶时要及时搭架引蔓。一般开花 10～15 天后，嫩荚充分长大，豆粒刚开始发育时即可采收嫩豆荚。矮生菜豆可连续采收 20～30 天，蔓生菜豆可连续采收 45～60 天。菜豆主要病害有炭疽病、锈病、根腐病、病毒病；主要害虫有豆蚜、豆荚螟、地蛆、白粉虱、斑潜蝇。

◆ 用途

食荚菜豆营养丰富，食味鲜美，富含蛋白质 2～3.2 克 /100 克嫩荚，还含有丰富的矿质元素、糖、维生素、氨基酸等其他成分；干豆粒富含蛋白质 20～25 克 /100 克干样、淀粉 59.6%。鲜嫩荚可作蔬菜食用，也可制脱水蔬菜、速冻蔬菜或罐头。菜豆含多种有生物活性的物质，具有降脂、降糖、抗氧化等保健功效。

结球甘蓝

结球甘蓝是十字花科芸薹属甘蓝种中两年生草本植物。又称洋白菜、卷心菜、包菜、圆白菜、疙瘩白、大头菜、包心菜、包包菜、莲花白、椰菜、茴子白。简称甘蓝。以柔嫩的叶球为食用器官。

结球甘蓝原产于地中海至北海沿岸，由不结球野生甘蓝演变驯化而来，13 世纪欧洲出现了结球甘蓝类型。中国种植的结球甘蓝于 16 世

结球甘蓝

纪中叶后通过陆路由俄国从北方和通过海路由欧洲从东南沿海传入，19
世纪又从欧美国家引入许多品种。结球甘蓝适应性广、抗病性较强，产
量较高、营养丰富，且易栽培、耐贮运，在中国和世界各地普遍种植，
是重要的蔬菜。

◆ **形态和类型**

结球甘蓝根为直根系，主根基部肥大，侧根、须根较发达，形成较
密集的吸收根群。茎分为营养生长期的短缩茎和生殖生长期的花茎；短
缩茎又分为外短缩茎和内短缩茎（叶球中心柱），外叶着生于前者，球
叶着生于后者。在不同发育阶段叶片形态不同，幼苗叶和基生叶具有明
显的叶柄；莲座叶叶柄逐渐变短，直到无叶柄。当外叶生长到一定数量
（一般为 15～30 片）后，又从短缩茎新生出叶片（称为球叶或心叶），
先端向内弯曲，合抱成为叶球。叶色黄绿、深绿至蓝绿，少数紫红色；
叶片近圆形或倒卵圆形；叶面光滑无毛，有蜡粉。按叶片特征可分为普
通甘蓝、皱叶甘蓝（叶面皱缩）及紫叶甘蓝（球叶为紫红色）。复总状
花序；完全花，花萼、花瓣均为 4 枚，十字形排列，花冠多为淡黄色；
4 强雄蕊（共 6 枚雄蕊，其中 2 枚退化），雌蕊 1 枚。果实为长角果，
圆柱形，成熟后开裂。种子圆球形，红褐色或黑褐色，千粒重 3.3～4.5
克。中国主要栽培的普通甘蓝均为杂交一代品种。

◆ **生长习性**

结球甘蓝生长最适温度为 15～20℃，在 5～10℃下也能缓慢生
长。经过低温锻炼的幼苗能耐较长时间 -2～-1℃或较短期 -5～-3℃
或极短期 -10～-8℃的低温。莲座叶可在 7～25℃下生长，温度超过

25℃且土壤潮湿时，莲座叶易徒长而推迟结球。成熟叶球因品种表现出不同的耐寒力，早熟品种可耐短期 -5 ～ -3℃，中、晚熟品种能耐短期-8 ～ -5℃的低温。抽薹开花期的抗寒力很弱，10℃以下影响正常结实，花薹遇 -3 ～ -1℃的低温受冻。属长日照植物，对光的适应范围广，比较耐阴。对土壤适应性强，从沙壤土到黏壤土均可种植，适于微酸至中性土壤，有一定的耐盐碱能力。在空气相对湿度为80% ～ 90%和土壤含水量在田间最大持水量的70% ～ 80%时生长良好。由营养生长过渡到生殖生长需要通过春化，春化适宜温度为10℃以下，2 ～ 5℃完成春化更快。通过春化需要一定的植株大小和时间，一般早熟品种长到4 ～ 6片叶，茎粗0.6厘米以上；中、晚熟品种长到6 ～ 8片叶，茎粗0.8厘米以上方，可接受低温通过春化。所需低温时间因品种而异，早熟品种30 ～ 40天，中熟品种40 ～ 60天，晚熟品种60 ～ 90天；但在适宜春化的温度范围内，温度越低，春化所需时间越短。

◆ **栽培管理**

中国除西北高寒地区外，其他地区结合保护地栽培基本可以实现周年供应。春季栽培宜选用冬性较强的早、中熟品种，以免发生"未熟抽薹"；夏、秋季栽培宜选用抗病、耐热的中、晚熟品种。在中国北方，露地与保护地结合可实现一年多茬栽培，分别为早春、春、夏、秋、越冬及温室甘蓝。每亩种植密度为早熟品种4000 ～ 5000株、中熟品种3000 ～ 3500株、晚熟品种2000 ～ 3000株。施肥因土壤肥力和品种而定。早熟品种生长期短，早追肥；中、晚熟品种生长期长，除基肥外，还应多次追肥。因根系较浅，外叶多，水分蒸腾量大，需水量多，整个生长期须多次灌溉，以保持土壤湿润；叶球形成后期应控制浇水，防止裂球。生长期间的主要害虫有蚜虫、菜青虫、小菜蛾、甘蓝夜盗蛾等；主要病害有病毒病、黑腐病、黄萎病等。

◆ **用途**

叶球每100克鲜重含维生素 C 24 ～ 60毫克，并含钙、磷等矿物质元素。球叶质地脆嫩，可炒食、煮食、凉拌、腌渍或干制。

芹 菜

芹菜是伞形科芹属二年生草本植物。又称旱芹、药芹、胡芹。芹菜以叶柄作蔬菜食用。

芹菜原产于地中海沿岸的沼泽地带。在古希腊、古罗马时代已作为药材和香料使用，并较早地在地中海沿岸栽培，后渐东移。中国《尔雅》中有"芹，楚葵也"。《齐民要术》中有关于芹菜栽培技术的记载，所指多属水芹。直至明代李时珍著《本草纲目》，才有旱芹和水芹之分。芹菜可分为旱芹（青芹）、水芹（白芹）、西芹（香芹）3 种，中国南北各地均有种植。

◆ **形态特征**

芹菜株高60 ～ 90厘米，侧根发达，多分布在土壤表层。叶着生在短缩茎上，叶柄基部有分生组织，能逐渐伸长。

芹菜

芹菜按叶柄形态可分为细柄种及宽柄种两类，前者叶柄细长，生长健壮，适于密植，易栽培，生育期一般较宽柄种为短，由于中国普遍栽培，通称"本芹"；宽柄种多由欧美引入，叶柄宽厚，肉质脆嫩，外形光滑，品质优良，但在冷凉气候下较难栽培，通称"西芹"。除叶用种外，尚有变种根芹菜，根肥大而圆，中国也有栽培。

◆ 栽培管理

芹菜性喜冷凉、湿润的气候，属半耐寒性蔬菜；不耐高温，可耐短期0℃以下低温。种子发芽最低温度为4℃，最适温度为15～20℃，15℃以下发芽延迟，30℃以上几乎不发芽；幼苗能耐-7～-5℃低温，属绿体春化型植物，3～4片叶的幼苗在2～10℃条件下经过10～30天通过春化阶段。西芹抗寒性较差，幼苗不耐霜冻，完成春化的适温为12～13℃。由于种子小，生长期长，多采用育苗移栽，但也有直播的。中国各地都在春、夏至秋季播种育苗。从播种到收获需100～140天。中国北方除在露地栽培外，还可在温室、阳畦和塑料薄膜棚中栽培。常见的病害有软腐病、斑枯病、斑点病，害虫有蚜虫等。

◆ 用途

芹菜含芳香油、蛋白质、无机盐和丰富的维生素。叶用芹维生素C含量较多，根用芹维生素C含量略少，矿物质和纤维素较丰富。芹菜是高纤维食物，经肠内消化作用产生木质素或肠内酯，这类物质是抗氧化剂，因此常吃芹菜可帮助皮肤有效地抗衰老，达到美白护肤的功效。除作蔬菜外，芹菜在中医学上有止血、益气、利尿、降血压等功能。果实中的芳香油经蒸馏提炼后可用作调和香精的原料。

辣 椒

辣椒是茄科辣椒属一年生草本。在热带可为多年生灌木。又称番椒。辣椒以果实供食用。

辣椒原产于南美洲的秘鲁，在墨西哥驯化为栽培种，15世纪传入欧洲，明代传入中国。清陈淏子《花镜》有"番椒……丛生白花，深秋结子，俨如秃笔头倒垂，初绿后朱红，悬挂可观，其味最辣"的记载。世界各地都有种植。

◆ 形态和类型

辣椒根系不发达。茎直立，高30～150厘米。单叶互生，卵圆形，叶面光滑。主茎抽生6～15片叶时着生一朵花，单生或簇生；花多为白色，自花传粉，但天然异交率可达10%左右。浆果，汁少。细长形果实多为2室，圆形及扁圆形果多为3～4室。种子多数着生在中轴胎座上，胎座不发达，且硬化，形成空腔。果面平滑或皱褶，具光泽。果实呈扁圆、圆柱、圆球、长角、圆锥或线形，大小差别显著。牛角椒和线椒的纵径达30厘米，大甜椒的横径达15厘米以上，而细米椒则小如

线形椒

稻谷。单生果一般下垂，少数向上；簇生果多向上，个别下垂。大型果一般单生，每株结果数少；小型果结果数多，有的品种一株可结200～300个。果实在成熟过程中有明显的色素变化。

青熟果老熟时因叶绿素含量迅速下降、茄红素增加而由绿色转为红色果；以胡萝卜素为主要色素的果实老熟时则形成黄色果。作观赏用的"五彩椒"因同一株上同时生有转色期间不同颜色的果实而得名。辣椒的辛辣味来自果实组织中的辣椒素（$C_{18}H_{27}NO_3$），其含量在果实成熟过程中逐渐增加，至果实红熟时达最高。小型果的辣椒素含量一般高于大型果。辣味浓度以中国云南思茅、瑞丽等地的涮辣椒为较大，朝天椒、细米椒次之，牛角椒、线辣椒又次之，大甜椒辣味较淡。

常栽培的辣椒有 5 个种：一年生辣椒、灌木状辣椒、中国辣椒、下垂辣椒、柔毛辣椒。其中一年生辣椒的栽培面积最大，其有 5 个主要变种：灯笼椒、长椒、圆锥椒、簇生椒、樱桃椒。一般在高纬度及高海拔地区盛产灯笼椒；低纬度及低海拔地区盛产长椒、圆锥椒和簇生椒。中国的栽培品种以灯笼椒、长椒和圆锥椒较多，簇生椒较少，樱桃椒很少栽培。辣椒的消费在不断发生变化，中国北方以消费甜椒为主，变化不大；南方的辣椒消费量变化较大，以前以牛角椒和羊角椒为主，至 2017 年线椒的消费量大增，螺丝椒的消费量也在慢慢增加（螺丝椒之前主要在西北地区消费）；江苏和重庆以消费泡椒为主。市场上销量较大的有以下类型：甜椒、线椒、牛角椒、羊角椒、螺丝椒、泡椒、朝天椒和美人椒等。以鲜椒供食用的品种要求果大、肉厚；供制干椒用的品种要求果肉薄、色深红且具光泽，含油分多，辣味浓。

◆ **栽培管理**

辣椒喜温作物，不耐霜冻。灯笼椒对高温的适应性较差，长椒、簇生椒则耐热力较强。生长适温为 15 ～ 30℃，果实发育和转色需

25℃以上，夜温以 15 ～ 20℃为宜，温度过高易致植株衰老。日温低于15℃或高于 35℃时易落花。温度适宜时不论日照长短，花芽都可分化。辣椒露地栽培时，一般于晚秋或冬季利用温床、冷床或塑料大棚育苗，晚霜期过后栽植，以提早结果，提高产量。植株开展度不大，叶片较小，适宜丛植和密植。辣椒对土壤的适应性较广，耐旱力和耐瘠力较强。干制用辣椒栽培在瘠薄丘陵地时辣味更浓，但适当施肥有利于高产。供鲜食用的灯笼椒及牛角椒则要求较多的肥料及水分。氮和磷对花的形成有良好作用，而钾则对促进果实膨大有益。利用温室、塑料大棚栽培，可促使早熟。

◆ 用途

辣椒素有兴奋作用，能增进食欲，帮助消化。果实中含多种维生素，以维生素 C 含量最高，每 100 克鲜重含量可达 150 ～ 200 毫克，在蔬菜中居首位。红熟椒的维生素 C 含量高于青椒。鲜椒干制后，其中的维生素 C 被破坏，罐藏则能充分保存。甜椒果实中含糖和果胶物质较多，干物质较少。一般以未成熟的青椒及大中果型的红熟椒作鲜菜用，以味辣的小果型红熟干椒及辣椒粉作调料或医药用。用于干制的多为线椒和朝天椒。干辣椒及辣椒粉是中国重要的出口产品。

番 茄

番茄是茄科茄属一年生草本植物。在热带地区为多年生。又称西红柿。番茄主要以成熟果实作蔬菜或水果食用。

番茄原产于南美洲的秘鲁、厄瓜多尔等地，后传至墨西哥，驯化为栽培种。在安第斯山脉至今还有原始野生种。有研究结果表明，栽培番茄是由一种叫作醋栗番茄的野生番茄驯化而来的。16 世纪中叶，由西班牙、葡萄牙商人从美洲带到欧洲，再由欧洲传至北

番茄

美洲和亚洲各地。初以其鲜红的果实作为庭园观赏用，后才逐渐食用。中国、印度、美国、土耳其、埃及、伊朗、意大利、西班牙、巴西和墨西哥等是世界上番茄栽培面积较大的国家。

◆ **形态和类型**

番茄植株按照主茎是否不断向上生长分为无限生长类型和有限生长类型。无限生长类型植株较高大，生长不受限制，节间较长，蔓生；有限生长类型植株矮小，节间较短，生长势弱，茎为蔓性或半直立。番茄根系发达，茎节易生不定根。叶为不整齐羽状分裂或羽状复叶。茎、叶表面均被柔毛，还有能分泌具有浓烈气味物质的腺毛。总状花序或复总状花序，每个花序有花数朵至数十朵。浆果，有圆形、扁圆形、椭圆形、长圆形、梨形及倒卵形等，大的可达 500 克以上，小的不到 10 克。幼果含叶绿素，呈绿色；成熟果实有红色、粉红色、黄色及紫色等不同颜色，红色和粉红色果实含有番茄红素。生产上栽培的番茄可分为三大类：鲜食番茄、樱桃番茄和加工番茄。

中国栽培的番茄品种，有从荷兰、以色列、美国、日本、法国、意

大利等国引进的，也有中国自己育成的。鲜食品种绝大多数为无限生长类型，果实较大，成熟果实为大红色或粉红色，风味浓郁，甜酸可口。樱桃番茄既有无限生长类型，也有有限生长类型，果实 10 ～ 30 克，可溶性固形物含量可达 8% 以上。加工品种均为有限生长类型，果实一般较小，果皮坚韧耐压，番茄红素及可溶性固形物含量高。适宜机械采收的加工番茄还要求果实成熟期一致，果柄没有离层。

◆ **栽培和管理**

番茄为喜温作物，生长的适宜温度为 20 ～ 25℃，结果期以昼温 25 ～ 28℃、夜温 16 ～ 20℃为宜。夜温低于 15℃或高于 30℃会妨碍正常授粉受精，引起落花。对日照长短不敏感，若温度适宜，则一年四季均可栽培。中国北方以早春茬和秋冬茬日光温室栽培及春夏茬和秋茬塑料大棚栽培为主，也有部分区域有大棚及露地越夏栽培。长江流域春大棚栽培较多，华南及西南部分区域以越冬露地栽培为主。番茄对土壤的适应性较广，土壤 pH 以 6 ～ 6.5 为宜。耐涝性差，要求有良好的排水条件。对肥料的需求量较大，除要求充足的氮肥外，增施磷、钾肥有利于提高果实的产量和品质。

番茄栽培普遍采用育苗移栽，并越来越多地采用工厂化穴盘育苗。苗龄 30 ～ 60 天，因季节不同而异。若是嫁接育苗，苗龄要长一些。栽培密度为 2000 ～ 4000 株 / 亩。植株长大后要支架或吊蔓，及时整枝打杈、绑蔓，并根据茬口安排适时摘心。加工番茄栽培不用支架，也很少整枝。番茄的主要病害有病毒病、青枯病、早疫病、晚疫病、叶霉病、灰霉病、叶斑病等；主要为害害虫有蚜虫、烟粉虱、蓟马和烟青虫等。

◆ 采收

番茄的成熟采收标准因用途而异，就地鲜销的，一般在红熟初期采收；供加工用的，在完全红熟时采收；长途运销的，则在果实充分膨大后的转色期采收。为提高品质，无论是就近销售还是远距离销售，越来越倾向于完全转色后采收。鲜食番茄果实多用手工分次采摘，加工番茄在生产上几乎全部采用一次性机械化采收。

◆ 用途

番茄是食物中维生素 C 的重要来源，每 100 克鲜果中一般含有维生素 C 20 ～ 30 毫克，β- 胡萝卜素（维生素 A 原）1000 国际单位。所含的糖分主要是葡萄糖和果糖，酸味主要来自柠檬酸，其次是苹果酸。果实糖酸含量和比例及芳香物质含量是决定食用风味的重要因素。种子含脂肪 20% ～ 30%、蛋白质 20%，可制取高级食用油、番茄蛋白。鲜食番茄果实既可作为蔬菜也可作为水果，既可生食也可熟食。加工番茄用来加工制作番茄酱、番茄汁和番茄丁等，还可从中提取番茄红素作为保健品。

第4章
调料作物

葱

葱是百合科葱属多年生宿根草本植物。葱以叶鞘和叶片供食用。中国自古栽培葱，2000多年前的《尔雅》中已见记载。

◆ **形态和类型**

葱叶片管状，中空，绿色，先端尖，叶鞘圆筒状，抱合成为假茎，色白，通称葱白。分生组织在叶鞘基部，葱叶收割后仍能继续生长。茎短缩为盘状，茎盘周围密生弦线状根。伞形花序球状，位于总苞中。花白色，每花结种子6粒，千粒重3～3.5克。

葱可分为普通大葱、分葱、楼葱和胡葱。①普通大葱。中国的主要栽培种为普通大葱，可按假茎的高度分为长白葱（梧桐葱）、中白葱（鸡腿葱）和短白葱（秤砣葱）3个类型。②分葱。叶色浓，葱白为纯白色，辣味淡，品

葱

质佳。③楼葱。又称龙爪葱。洁白而味甜,葱叶短小,品质欠佳。④胡葱。多在南方栽培,质柔味淡,以食葱叶为主。

◆ **栽培管理**

普通大葱耐寒,-10℃可不受冻害,在中国东北部也可露地越冬。葱生长适温为20～25℃。根系弱,极少根毛。适宜肥沃的沙质壤土。采用种子繁殖。以收葱白为目的的,多在秋季或早春育苗,入夏开沟栽植,生长期间分次培土并结合追肥,以利葱白形成,冬初收获。以收绿葱为目的的,则从春到秋随时可以播种。分葱多在秋季分株繁殖,第二年早春收获。常见病害有紫斑病、霜霉病、软腐病和锈病,为害害虫有葱蛆和蓟马等。

◆ **用途**

葱含有挥发性硫化物,具特殊辛辣味,是重要的解腥、调味品。葱白甘甜脆嫩。葱叶和葱白含维生素C、胡萝卜素和磷较多。中医学认为葱有杀菌、通乳、利尿、发汗和安眠等药效。

姜

姜是姜科姜属多年生宿根草本植物。又称生姜。姜作一年生蔬菜栽培,以根状茎供食用。姜原产于东南亚地区,栽培地区主要分布在亚洲的热带至温带地区。

◆ **形态特征**

姜株高60～80厘米,地上茎为假茎,由叶鞘组成,从地下根状茎两侧发生指头状分枝。根状茎肉质,黄色。叶披针形。一般不开花,在热带地区当根状茎瘦小时才抽花茎，顶端着生淡黄色花苞。

◆ **栽培管理**

姜性喜温暖，植株生长适温为 22 ～ 25℃，5℃以下生长停止。姜适宜各种土壤，但以微酸性肥沃沙壤生长最好。在热带地区，春季随时可从姜田拔取姜苗栽种，或掘出姜株分株繁殖；亚热带及温带则用根状茎作种繁殖。一般在 25 ～ 28℃催芽，待芽长 1 ～ 2 厘米时播种。喜阴而不耐强光，出苗前后需遮阴，秋凉时拆除。种姜在栽培过程中并不会烂掉，前期所含的养分用于形成姜苗；中后期又从姜苗获得养分，形成老姜。当年形

姜

成的根状茎，通称嫩姜。老姜耐贮藏，辣味浓，商品价值和调味品质均优于嫩姜。主要病害为姜腐病，通称姜瘟，可通过排水、选用无病姜块作种和轮作等防治。

◆ **用途**

姜含有挥发油和姜辣素，即姜油酮和姜油酚，具有独特香辣味，是重要的调味品。姜可酱渍、糖渍、制姜干和提取姜油。中医学上姜还具有健胃、祛寒、发汗和解毒等药效。

蒜

蒜是百合科葱属一年生或二年生草本植物。又称蒜头、胡蒜、葫。

蒜以鳞茎（蒜头）、花茎（蒜薹）、幼株（蒜苗或青蒜）作为传统蔬菜和重要调味品。蒜原产于亚洲西部或欧洲，世界各国均有分布。汉朝时从西域引入中国，南北普遍栽培，主产区分布在山东、江苏、四川、云南等地。

◆ **形态特征**

蒜属浅根性作物，线状须根无主根；短缩茎周围长出须根，数量 50 ～ 100 条，长 30 ～ 50 厘米，主要根群分布在 5 ～ 25 厘米土层，横展范围 30 厘米。鳞茎（蒜头）球形至扁球形，由 6 ～ 10 个肉质、瓣状的小鳞茎（蒜瓣）紧密排列组成，外包灰白色或淡紫色的膜质鳞被。按照蒜头外皮的色泽，可分为紫皮蒜和白皮蒜。叶基生，叶鞘管状，叶身宽条形至条状披针形，扁平，顶端长渐尖，比花葶短，宽可达 2.5 厘米；叶鞘相互套合形成假茎，具有支撑和营养运输的功能。花茎直立，高约 60 厘米。伞形花序，花稠密常不结实，具苞片 1 ～ 3 枚，膜质；花被片 6，粉红色，椭圆状披针形；雄蕊 6，雌蕊 1。

◆ **生长习性**

蒜属喜冷凉作物，尤其是发芽期和幼苗期适宜较低的温度。蒜发芽始温为 3 ～ 5℃，发芽及幼苗期最适温度为 12 ～ 16℃。花芽、鳞芽分化期适宜温度为 15 ～ 20℃，抽薹期为 17 ～ 22℃，鳞茎膨大期为 20 ～ 25℃。大蒜是低温长日照作物，绿体春化类型，0 ～ 4℃的低温下 30 ～ 40 天通过春化，通过春化阶段后，需要长日照才能抽薹。长日照也是鳞茎膨大的必要条件，日照在 12 小时以下时难以形成鳞茎。随着花梗的伸长，花蕾迅速露出叶鞘，形成蒜薹，在蒜薹顶端花序丛间生长着许多小的气生鳞茎，一般每个总苞内有 10 ～ 30 个气生鳞茎，这些小蒜瓣又称"天蒜"，可用作播种材料。对土壤要求不严，但在富含有机质、疏松透气、保水排水性强的肥沃壤土上生长良好。

◆ 栽培管理

以采收青蒜为目的的蒜，种植密度大，播种期要求不严，还可进行反季栽培。以采收蒜薹、蒜头为目的的蒜，一般在秋季 8 月下旬到 10 月上旬播种，多数地区以 9 月上旬播种为宜。条播，行距 15 ～ 18 厘米，株距 12 ～ 15 厘米，每亩种植 2.5 万～ 3 万株，覆土 3 厘米。大蒜的根系弱，吸收力差，而需肥又多，施肥宜多次、少量。花序的苞叶伸出叶鞘 10 ～ 15 厘米时即可采收蒜薹，蒜薹采收后 20 ～ 30 天采收蒜头。

◆ 用途

蒜的营养丰富，具有特殊的香辛气味，不仅是人们日常生活中的蔬菜和调味品，而且还具有较高的医疗保健功效。蒜苗可四季生产，分期采收，或在不见光的条件下生产蒜黄。整株可炒、煮、凉拌；蒜薹炒或凉拌；蒜头可生食或做成调味品。蒜瓣中不仅含有丰富的维生素、氨基酸、矿质元素等营养成分，还含有丰富的有机硫化物，其中最主要的活性成分、大蒜中含量最高的含硫氨基酸是蒜氨酸。蒜被切开或碾碎后，细胞内含有的蒜酶将蒜氨酸转化成大蒜辣素，进一步分解成大蒜素，是其特殊香辣风味的来源及医学功能的主要成分，具有良好的抗病原微生物、抗肿瘤、降血糖、降血脂、增强免疫力以及预防和治疗心血管疾病的功效。

本书编著者名单

编著者 （按姓氏笔画排列）

王德槟　　石　瑛　　叶志彪　　申书兴

巩振辉　　庄丽芳　　刘佩英　　安成福

严远鑫　　杜永臣　　李锡香　　束　胜

别之龙　　邹剑秋　　张应华　　张昌伟

周艳虹　　赵团结　　侯喜林　　洪德林

郭世荣　　郭仰东　　黄咏贞　　盖钧镒

蒋卫杰　　雷建军